云南建设学校
国家中职示范校建设成果

国家中职示范校建设成果系列实训教材

建筑CAD项目工作手册

陈　超　主编
黄　洁　主审

中国建筑工业出版社

图书在版编目（CIP）数据

建筑CAD项目工作手册/陈超主编．—北京：中国建筑工业出版社，2014.6（2024.11重印）

国家中职示范校建设成果系列实训教材

ISBN 978-7-112-16894-1

Ⅰ.①建… Ⅱ.①陈… Ⅲ.①建筑制图—计算机辅助设计—AutoCAD软件—中等专业学校—教材 Ⅳ.①TU204

中国版本图书馆CIP数据核字（2014）第104844号

本书基于行动导向教学模式职教理论编写，符合中职教育以就业为导向，以能力为本位的教学定位，满足中职教育专业计划中人才培养目标和职业能力的要求。

全书包括8个模块和2个附录，主要内容为：AutoCAD基础、绘制与编辑二维图形、建筑工程图中的标注、平面图的绘制、立面图的绘制、剖面图的绘制、大样图的绘制、综合绘图、CAD常用命令、上机绘图专用周任务书。

本书可作为中职、高职高专建筑类及相关专业的CAD实训教材，也可作为各类CAD培训班的教材，还可供工程技术人员、科研人员参考。

*　　*　　*

责任编辑：聂　伟　陈　桦

责任设计：董建平

责任校对：张　颖　关　健

云南建设学校

国家中职示范校建设成果

国家中职示范校建设成果系列实训教材

建筑CAD项目工作手册

陈　超　主编

黄　洁　主审

*

中国建筑工业出版社出版、发行（北京西郊百万庄）

各地新华书店、建筑书店经销

北京红光制版公司制版

建工社（河北）印刷有限公司印刷

*

开本：787×1092毫米　1/16　印张：9　字数：213千字

2014年8月第一版　2024年11月第十次印刷

定价：**26.00**元

ISBN 978-7-112-16894-1

（25677）

国家中职示范校建设成果系列实训教材

编审委员会

序　言

提升中等职业教育人才培养质量，需要大力推动专业设置与产业需求、课程内容与职业标准、教学过程与生产过程的“三对接”，积极推进学历证书和职业资格证书“双证书”制度，做到学以致用。

实现教学过程与生产过程的对接，全面提高学生素质、培养学生创新能力和实践能力，要求构造体现以教师为主导、以学生为主体、以实践为主线的中等职业教育现代教学方法体系。这就要求中等职业教育要从培养目标出发，运用理实一体化、目标教学法、行为导向法等教学方法，培养应用型、技能型人才。

但我国职业教育改革进程刚刚起步，以中等职业教育现代教学方法体系编写的教材较少，特别是体现理实一体化教学特点的实训教材非常缺乏，不能满足中等职业学校课程体系改革的要求。为了推动中等职业学校建筑类专业教学改革，作为国家中等职业教育改革发展示范学校的云南建设学校组织编写了《国家中职示范校建设成果系列实训教材》。

本套教材借鉴了国内外职业教育改革经验，注重学生实践动手能力的培养，涵盖了建筑类专业的主要专业核心课程和专业方向课程。本套教材按照住房和城乡建设部中等职业教育专业指导委员会最新专业教学标准和现行国家规范，以项目教学法为主要教学思路编写，并配有大量工程实例及分析，可作为全国中等职业教育建筑类专业教学改革的借鉴和参考。

由于时间仓促，编者水平和能力有限，本套教材肯定还存在许多不足之处，恳请广大读者批评指正。

《国家中职示范校建设成果系列实训教材》编审委员会

2014年5月

前　言

本书基于行动导向教学理论编写，符合中职教育以就业为导向、以能力为本位的教学定位，满足中职建筑类专业人才培养目标和职业能力的要求。

本书采用实际工程案例编写，按照知识的应用方法及建筑行业规范要求将完整的建筑施工项目融合在任务中，同时指出绘图的基本原则、常用技巧和难点，总结出应用规律。内容由浅入深，符合学生的认知过程和学习要求。通过实际项目，可以将绘图基础知识和建筑制图技巧有机结合，以便于尽快掌握计算机制图的方法和技巧。

全书包括 8 个模块和 2 个附录。每一模块包括若干个项目任务和项目工作页，附录含有 CAD 常用命令和上机绘图专用周任务书。

本书由云南建设学校陈超主编，赵华鑫、胡毅参编，全书由云南建设学校黄洁主审。感谢王雁荣、杨李福和王和生等老师对本书编写提供的大力支持。

由于编者水平有限，加之时间仓促，本书在编写过程中难免存在疏漏和不妥之处，恳请读者批评指正。

目　录

模块 1　AutoCAD 基础

1.1　AutoCAD 的启动和文件操作

1.1.1　目的与要求

通过教学和上机操作，掌握 AutoCAD 2012 的启动及基本功能、工作界面、图形文件管理的方法。重点是熟悉 CAD 的工作界面、图形文件管理，为学习后续内容打下基础。

1.1.2　上机操作步骤与要点

1. 启动 AutoCAD 2012

启动 AutoCAD 有以下 3 种方式：

（1）执行“开始>所有程序>Autodesk>AutoCAD 2012-Simplified Chinese>AutoCAD 2012-Simplified Chinese”命令。

（2）双击桌面上的 AutoCAD 2012 - Simplified Chinese 图标。

（3）双击文件扩展名为“.dwg”的文件。

2. 熟悉 AutoCAD 的工作界面

启动 AutoCAD 后，系统即进入如图 1-1 所示的 AutoCAD 用户工作界面。中文版 AutoCAD 2012 为用户提供了以下 4 种界面：

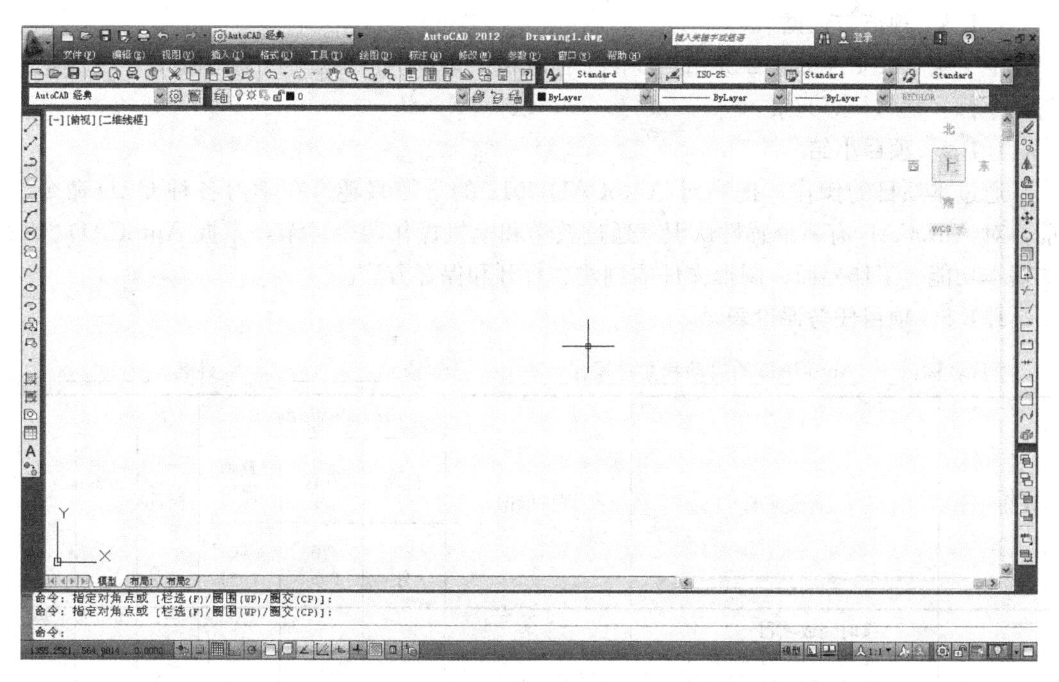

图 1-1　工作界面

①草图与注释

②三维基础

③三维建模

④AutoCAD经典

3. 掌握AutoCAD文件操作

在AutoCAD 2012中，图形文件管理包括创建新的图形文件、打开已有的图形文件、关闭图形文件以及保存图形文件等操作。

(1) 创建新图形文件

创建新的图形文件有以下4种方式，并出现选择样板对话框。

单击快速访问工具栏中图标；单击“应用程序”菜单图标后选择“新建｜图形”；在命令行输入“NEW”命令；键盘快捷键“Ctrl+N”。

(2) 打开图形文件

打开图形文件有以下4种方式，并出现选择文件对话框。

单击快速访问工具栏中图标；单击“应用程序”菜单图标后选择“打开｜图形”；在命令行输入“OPEN”命令；键盘快捷键“Ctrl+O”。

(3) 保存图形文件

保存图形文件有以下4种方式：

单击快速访问工具栏中保存图标或另存为图标；单击“应用程序”菜单图标后选择“保存”或“另存为”；在命令行输入“SAVE”保存命令或“SAVE AS”另存为命令；在命令行输入“QSAVE”命令或键盘快捷键“Ctrl+S”。

1.1.3 规范与依据

中文版AutoCAD 2012为用户提供了标题栏、菜单栏、工具栏、绘图窗口、文本窗口与命令行、状态行等元素。

1.1.4 项目小结

通过本项目的操作，提高对AutoCAD 2012的学习兴趣。在学习各种CAD命令之前，对AutoCAD有一个感性认识。通过教学和上机操作两个环节，掌握AutoCAD 2012的基本功能、工作界面、图形文件的创建、打开和保存方法。

1.1.5 项目任务评价表

项目名称：AutoCAD的启动和文件操作　　学号：________　　姓名：________

评价项目	评价标准	评价依据	评价方式			权重	得分小计	总分
			自评	互评	教师评价			
			20（分）	20（分）	60（分）			
职业素质	1. 按时完成项目； 2. 完成项目时遵守纪律； 3. 积极主动、勤学好问； 4. 组织协调能力（用于分组教学）	学习表现				0.2		

续表

<table>
<tr><th rowspan="3">评价项目</th><th rowspan="3">评价标准</th><th rowspan="3">评价依据</th><th colspan="3">评价方式</th><th rowspan="3">权重</th><th rowspan="3">得分小计</th><th rowspan="3">总分</th></tr>
<tr><th>自评</th><th>互评</th><th>教师评价</th></tr>
<tr><th>20（分）</th><th>20（分）</th><th>60（分）</th></tr>
<tr><td>专业能力</td><td>1. 完成项目成果的可用性；
2. 完成项目成果的美观性</td><td>1. 作业完成情况；
2. 实训项目完成情况记录</td><td></td><td></td><td></td><td>0.7</td><td></td><td rowspan="2"></td></tr>
<tr><td>安全及环保意识</td><td>1. 按要求使用计算机；
2. 按要求正确开、关计算机；
3. 实训结束按要求将凳子摆放整齐；
4. 爱护机房环境卫生</td><td>操作表现</td><td></td><td></td><td></td><td>0.1</td><td></td></tr>
<tr><td>教师综合评价</td><td colspan="8">指导老师签名：　　　　　　　　　　日期：</td></tr>
</table>

注：将各项目考核得分按照各项目课时所占本门课程的比重折算到学生综合考核评价表中，可得出该生在整门课程的考核成绩。

1.2 创建图层

1.2.1 目的与要求

通过上机操作创建图层，如图 1-2 所示；掌握图层的设置与应用。

1.2.2 上机操作步骤与要点

1. 项目实施的步骤

（1）创建图层

按项目实施的要点创建图层。

（2）复核创建好的图层

2. 项目实施的要点

（1）执行“layer”命令后，系统将打开如图 1-3 所示的“图层特性管理器”对话框。

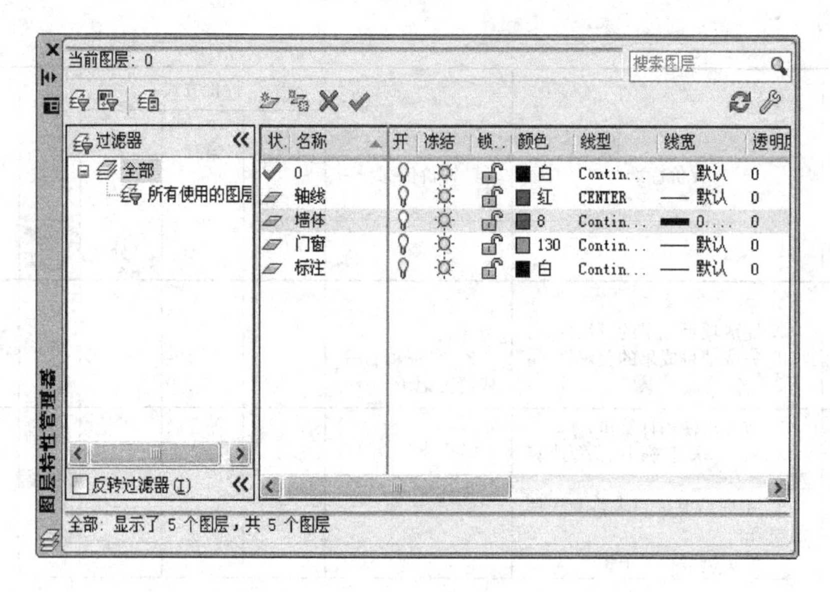

图 1-2　创建图层

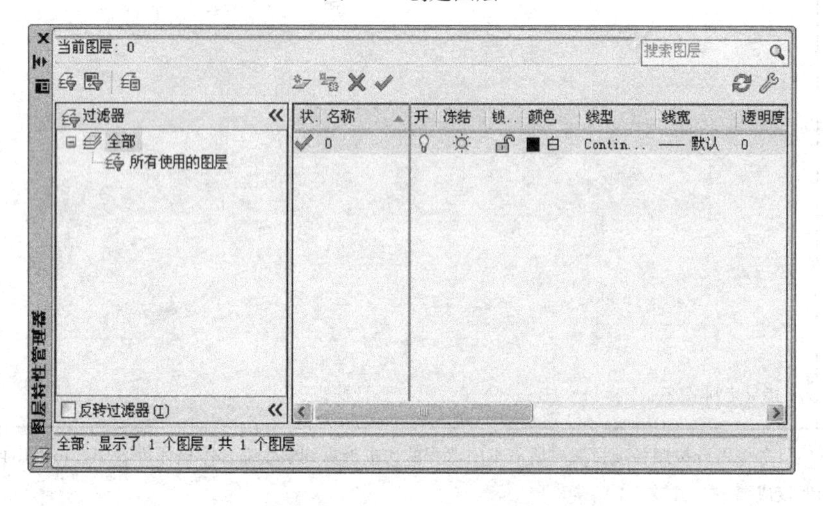

图 1-3　图层特性管理器

（2）在对话框中单击“新建图层”按钮，新图层将以临时名称“图层 1”显示在图层列表框中，如图 1-4 所示。

图 1-4　图层列表框

（3）在反白显示的“图层 1”位置输入“轴线”作为新图层的名称，创建一个名为“轴线”的新图层。选择“轴线层”，将轴线层颜色设置为红色，线型设置成 CENTER，线宽设置为默认。

（4）重复（2）、（3），为其他图层设置颜色、线型和线宽，如图 1-2 所示。

（5）在“图层特性管理器”对话框中单击“关闭”按钮，结束设置。

1.2.3 规范与依据

为了方便用户绘制某些比较复杂的图形，AutoCAD 引入了图层的概念，即将各个组成部分分别创建到不同的图层上，若要对某个对象进行编辑，则只需选中相应图层上的对象即可，从而提高作图效率。

1.2.4 项目小结

在 AutoCAD 中，创建图层可以管理和控制复杂的建筑图形。可以根据图层对图形几何对象、文字、标注等进行归类处理，使用图层来管理它们，不仅能使图形的各种信息清晰、有序、便于观察，而且也会给图形的编辑、修改和输出带来很大的方便。

1.2.5 项目任务评价表

项目名称：<u>创建图层</u>　　　　学号：________　　　　姓名：________

评价项目	评价标准	评价依据	评价方式			权重	得分小计	总分
			自评	互评	教师评价			
			20（分）	20（分）	60（分）			
职业素质	1. 按时完成项目； 2. 完成项目时遵守纪律； 3. 积极主动、勤学好问； 4. 组织协调能力（用于分组教学）	学习表现				0.2		
专业能力	1. 完成项目成果的可用性； 2. 完成项目成果的美观性	1. 作业完成情况； 2. 实训项目完成情况记录				0.7		
安全及环保意识	1. 按要求使用计算机； 2. 按要求正确开、关计算机； 3. 实训结束按要求将凳子摆放整齐； 4. 爱护机房环境卫生	操作表现				0.1		
教师综合评价	指导老师签名：　　　　日期：							

注：将各项目考核得分按照各项目课时所占本门课程的比重折算到学生综合考核评价表中，可得出该生在整门课程的考核成绩。

模块 2　绘制与编辑二维图形

2.1　绘制圆座椅平面图

2.1.1　目的与要求

通过上机操作，绘制圆座椅平面图，如图 2-1 所示；掌握“圆”、“阵列”等命令的使用方法和技巧。

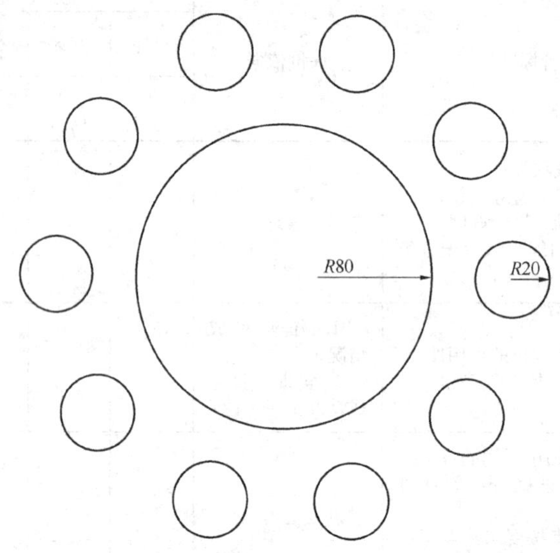

图 2-1　圆座椅平面图

2.1.2　上机操作步骤与要点

1. 项目实施的步骤

（1）分析图形

圆座椅平面图主要有一个大圆和围绕着大圆均匀分布的 10 个小圆组成，绘图任务要用到“点”、“圆”等二维绘图命令，还要用到“阵列”图形编辑命令。

（2）设置绘图环境

根据图形大小，设置合适的图形界限。

（3）图形绘制

按项目实施的要点绘制图形。

（4）复核绘制好的图形

2. 项目实施的要点

（1）输入大圆绝对坐标，确定大圆圆心，大圆圆心坐标为（900，600）；

（2）输入大圆的半径 80，绘制大圆；

（3）采用与大圆绘制方法相同的方式绘制一个小圆；

（4）以大圆的圆心为阵列的中心点，将小圆围绕大圆等距阵列10个。

2.1.3 规范与依据

《建筑制图标准》GB/T 50104—2010。

2.1.4 项目小结

1. 可以通过指定圆心、半径、直径、圆周上的点和其他对象上的点的不同组合来创建圆，创建圆的默认方法是指定圆心和半径。

2. 在本项目中，将小圆围绕大圆进行阵列，阵列类型即可以选择极轴（PO）方式，又可以选择路径（PA），两者都可以完成项目绘制。

2.1.5 项目任务评价表

项目名称：<u>绘制圆座椅平面图</u>　　　学号：______　　　姓名：______

<table>
<tr><th rowspan="3">评价项目</th><th rowspan="3">评价标准</th><th rowspan="3">评价依据</th><th colspan="3">评价方式</th><th rowspan="3">权重</th><th rowspan="3">得分小计</th><th rowspan="3">总分</th></tr>
<tr><th>自评</th><th>互评</th><th>教师评价</th></tr>
<tr><th>20（分）</th><th>20（分）</th><th>60（分）</th></tr>
<tr><td>职业素质</td><td>1. 按时完成项目；
2. 完成项目时遵守纪律；
3. 积极主动、勤学好问；
4. 组织协调能力（用于分组教学）</td><td>学习表现</td><td></td><td></td><td></td><td>0.2</td><td></td><td rowspan="3"></td></tr>
<tr><td>专业能力</td><td>1. 完成项目成果的可用性；
2. 完成项目成果的美观性</td><td>1. 作业完成情况；
2. 实训项目完成情况记录</td><td></td><td></td><td></td><td>0.7</td><td></td></tr>
<tr><td>安全及环保意识</td><td>1. 按要求使用计算机；
2. 按要求正确开、关计算机；
3. 实训结束按要求将凳子摆放整齐；
4. 爱护机房环境卫生</td><td>操作表现</td><td></td><td></td><td></td><td>0.1</td><td></td></tr>
<tr><td>教师综合评价</td><td colspan="8">

指导老师签名：　　　　　　　　日期：</td></tr>
</table>

注：将各项目考核得分按照各项目课时所占本门课程的比重折算到学生综合考核评价表中，可得出该生在整门课程的考核成绩。

2.2 绘制 A3 图框

2.2.1 目的与要求

通过上机操作，绘制 A3 图框，如图 2-2 所示；掌握“矩形”、“直线”、“点样式”、“复制”等命令的使用方法和技巧。

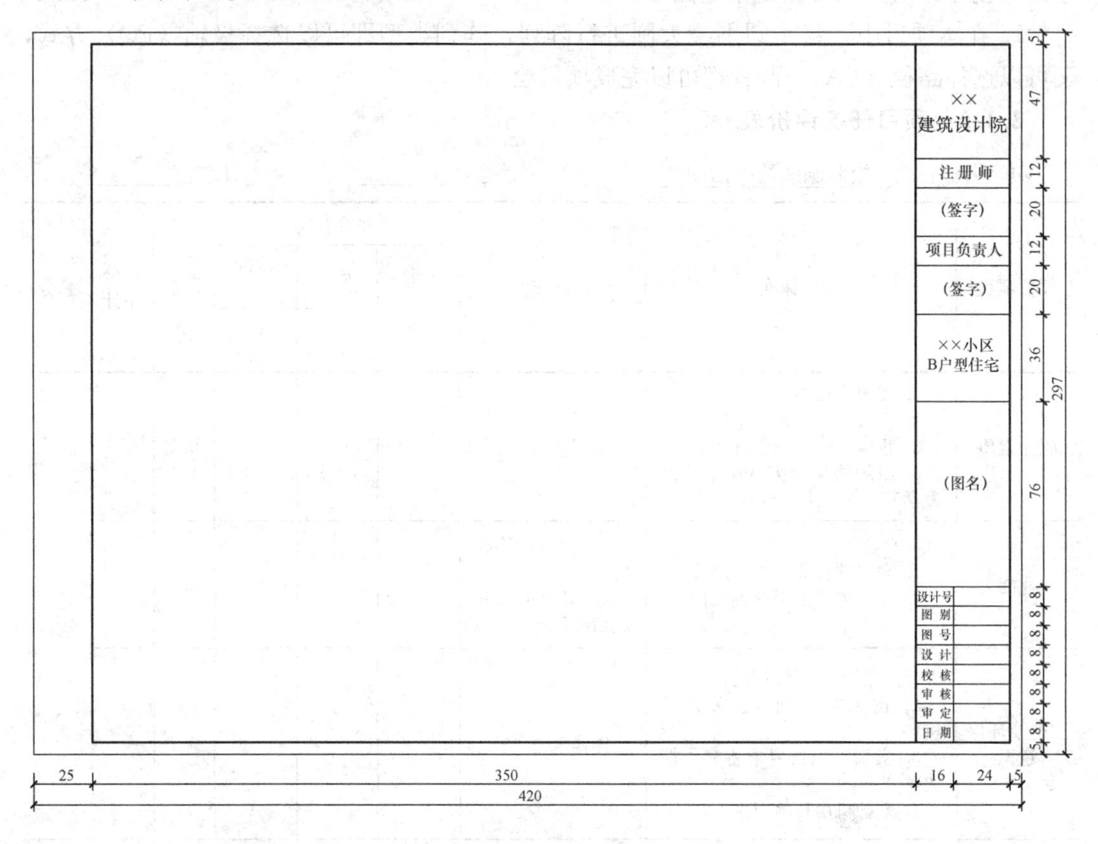

图 2-2 A3 图框

2.2.2 上机操作步骤与要点

1. 项目实施的步骤

(1) 分析图形

A3 图框主要由矩形和直线组成的，绘制时要用到“相对直角坐标”、“对象捕捉模式设置”、“对象捕捉”、“正交”、“矩形”、“点样式”、“直线”、“复制”等设置和命令。

(2) 设置绘图环境

根据图形大小，设置合适的图形界限。

(3) 图形绘制

按项目实施的要点绘制图形。

(4) 复核绘制好的图形

绘制完成后，结合项目给出的条件图查缺补漏，完善绘制的图形。

2. 项目实施的要点

(1) 打开“对象捕捉”，将“对象捕捉模式”设置为“端点”和“节点”；

(2) 设置点的样式；

(3) 使用“矩形”命令，绘制A3图框的图幅线和图框线；

(4) 使用“直线”命令，绘制标题栏的外框线；

(5) 使用“等分”命令，将标题栏的外框线进行等分；

(6) 使用“直线”、“复制”和“修剪”命令，配合“节点捕捉”功能绘制标题栏的内框线；

(7) 选中节点标记符号，单击键盘上的“Delete”，将节点删除。

2.2.3 规范与依据

《建筑制图标准》GB/T 50104—2010。

2.2.4 项目小结

1. 矩形的绘制方法有很多种，最常见的绘制方法是指定对角点进行绘制。绘制内框线时也可使用“偏移”命令。

2. 在绘制水平直线或者垂直直线时，将功能键“正交”打开，可以避免发生水平线和垂直线歪斜的情况。

2.2.5 项目任务评价表

项目名称：绘制A3图框　　学号：________　　姓名：________

评价项目	评价标准	评价依据	评价方式			权重	得分小计	总分
			自评	互评	教师评价			
			20（分）	20（分）	60（分）			
职业素质	1. 按时完成项目； 2. 完成项目时遵守纪律； 3. 积极主动、勤学好问； 4. 组织协调能力（用于分组教学）	学习表现				0.2		
专业能力	1. 完成项目成果的可用性； 2. 完成项目成果的美观性	1. 作业完成情况； 2. 实训项目完成情况记录				0.7		
安全及环保意识	1. 按要求使用计算机； 2. 按要求正确开、关计算机； 3. 实训结束按要求将凳子摆放整齐； 4. 爱护机房环境卫生	操作表现				0.1		

续表

教师综合评价	指导老师签名：　　　　　　　　日期：

注：将各项目考核得分按照各项目课时所占本门课程的比重折算到学生综合考核评价表中，可得出该生在整门课程的考核成绩。

2.3 绘制装饰柜侧立面和正立面图

2.3.1 目的与要求

通过上机操作，绘制装饰柜侧立面和正立面图，如图 2-3 所示；掌握“多段线”、“拉伸”等命令的使用方法和技巧。

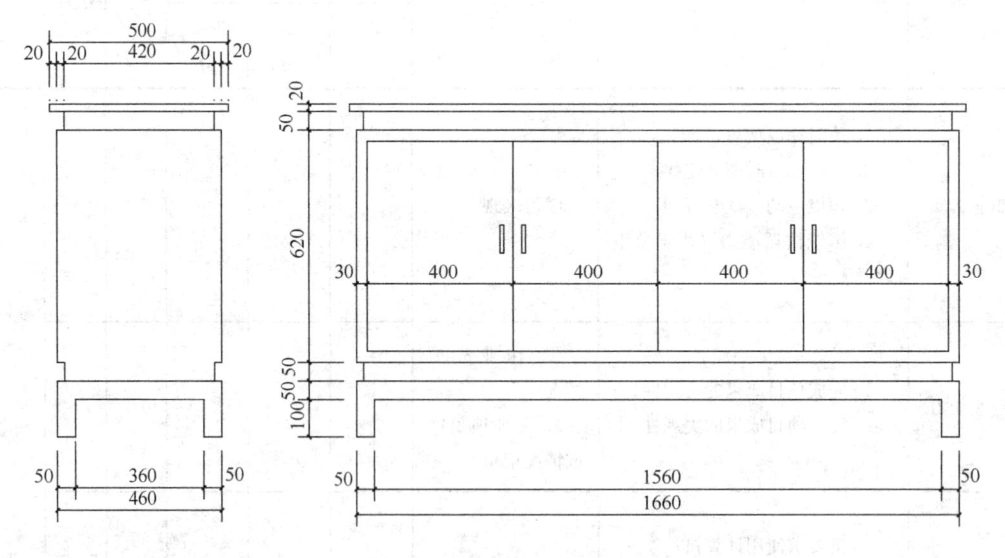

图 2-3 装饰柜侧立面和正立面图

2.3.2 上机操作步骤与要点

1. 项目实施的步骤

(1) 分析图形

装饰柜侧立面和正立面图主要由矩形、直线和多段线组成，其中装饰柜正立面图是在装饰柜侧立面已绘制好的基础上进行拉伸得到其轮廓线，再进行修改得到。绘图时要用到“对象捕捉”、“对象捕捉模式设置”、“正交”、“矩形”、“直线”、“多段线”、“拉伸”等设置和命令。

（2）设置绘图环境

根据图形大小，设置合适的图形界限。

（3）图形绘制

按项目实施的要点绘制图形。

（4）复核绘制好的图形

绘制完成后，结合项目给出的条件图查缺补漏，完善绘制的图形。

2. 项目实施的要点

（1）使用“矩形”命令，绘制一个500×20的矩形作为柜子侧立面图的顶；

（2）使用“直线”命令，绘制柜子侧立面图上面的凹槽；

（3）使用“多段线”命令，绘制柜子侧立面图的柜身和柜腿；

（4）使用“拉伸”命令，将已绘制好的柜子的侧立面图进行拉伸，形成柜子正立面的轮廓。

2.3.3 规范与依据

《建筑制图标准》GB/T 50104—2010。

2.3.4 项目小结

在进行拉伸时，首先要采用窗交窗口的方法选择对象，所选择的对象不能被全部框选起来，只有被部分选中才可以进行拉伸，如果要拉伸的对象完全包含在窗交窗口中或者是要拉伸的对象是被单独选中的，对象将不能被拉伸，而是移动。此外，还有若干对象无法拉伸，如圆、椭圆和块等。

2.3.5 项目任务评价表

项目名称：绘制装饰柜侧立面和正立面图　　学号：________　　姓名：________

评价项目	评价标准	评价依据	评价方式			权重	得分小计	总分
			自评	互评	教师评价			
			20（分）	20（分）	60（分）			
职业素质	1. 按时完成项目； 2. 完成项目时遵守纪律； 3. 积极主动、勤学好问； 4. 组织协调能力（用于分组教学）	学习表现				0.2		
专业能力	1. 完成项目成果的可用性； 2. 完成项目成果的美观性	1. 作业完成情况； 2. 实训项目完成情况记录				0.7		

续表

评价项目	评价标准	评价依据	评价方式			权重	得分小计	总分
			自评	互评	教师评价			
			20（分）	20（分）	60（分）			
安全及环保意识	1. 按要求使用计算机； 2. 按要求正确开、关计算机； 3. 实训结束按要求将凳子摆放整齐； 4. 爱护机房环境卫生	操作表现				0.1		
教师综合评价	指导老师签名：　　　　日期：							

注：将各项目考核得分按照各项目课时所占本门课程的比重折算到学生综合考核评价表中，可得出该生在整门课程的考核成绩。

2.4 绘制八角亭平面图

2.4.1 目的与要求

通过上机操作，绘制八角亭平面图，如图 2-4 所示；掌握“正多边形”、“圆环”、“移动”和“偏移”等命令的使用方法和技巧。

2.4.2 上机操作步骤与要点

1. 项目实施的步骤

(1) 分析图形

八角亭平面图主要由正八边形组成，绘图任务要用到“点”、“正多边形”、“圆环”、“直线”等二维绘图命令，还要用到“移动”、“偏移”等二维图形编辑命令。

(2) 设置绘图环境

根据图形大小，设置合适的图形界限。

(3) 图形绘制

按项目实施的要点绘制图形。

(4) 复核绘制好的图形

绘制完成后，结合项目给出的条件图查缺补漏，完善绘制的图形。

2. 项目实施的要点

(1) 绘制图形中心点；

(2) 采用外切于圆的方式绘制正八边形（圆的半径为1380）；

(3) 采用内接于圆的方式绘制正八边形（圆的半径为1637和1780）；

(4) 绘制边长是1500和1550的正八边形；

(5) 采用圆环命令绘制八角亭的柱。

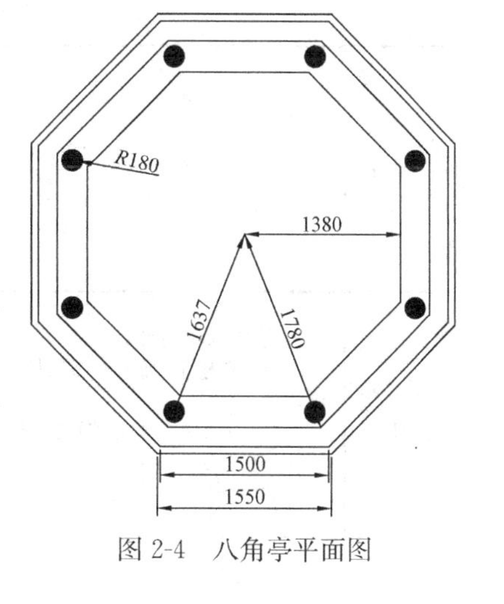

图2-4 八角亭平面图

2.4.3 规范与依据

《建筑制图标准》GB/T 50104—2010。

2.4.4 项目小结

掌握绘制正多边形（POL）的三种方法的适用条件。

1. 内接于圆：已知正多边形的中心到顶角的距离；
2. 外切于圆：已知正多边形的中心到边的距离；
3. 边：已知正多边形的边长。

2.4.5 项目任务评价表

项目名称：绘制八角亭平面图　　学号：________　　姓名：________

评价项目	评价标准	评价依据	评价方式			权重	得分小计	总分
			自评	互评	教师评价			
			20（分）	20（分）	60（分）			
职业素质	1. 按时完成项目； 2. 完成项目时遵守纪律； 3. 积极主动、勤学好问； 4. 组织协调能力（用于分组教学）	学习表现				0.2		
专业能力	1. 完成项目成果的可用性； 2. 完成项目成果的美观性	1. 作业完成情况； 2. 实训项目完成情况记录				0.7		

续表

评价项目	评价标准	评价依据	评价方式			权重	得分小计	总分
			自评	互评	教师评价			
			20（分）	20（分）	60（分）			
安全及环保意识	1. 按要求使用计算机； 2. 按要求正确开、关计算机； 3. 实训结束按要求将凳子摆放整齐； 4. 爱护机房环境卫生	操作表现				0.1		
教师综合评价	指导老师签名：　　　　日期：							

注：将各项目考核得分按照各项目课时所占本门课程的比重折算到学生综合考核评价表中，可得出该生在整门课程的考核成绩。

2.5　绘制洗手池平面图

2.5.1　目的与要求

通过上机操作，绘制洗手池平面图，如图 2-5 所示；掌握“椭圆”、“椭圆弧”等命令的使用方法和技巧。

2.5.2　上机操作步骤与要点

1. 项目实施的步骤

（1）分析图形

洗手池平面图主要由椭圆组成，绘图任务要用到“直线”、“椭圆”、“椭圆弧”等二维绘图命令。

（2）设置绘图环境

根据图形大小，设置合适的图形界限，启动对象捕捉。

（3）图形绘制

按项目实施的要点绘制图形。

（4）复核绘制好的图形

绘制完成后，结合项目给出的条件图查缺补漏，完善绘制的图形。

2. 项目实施的要点

（1）用直线绘制上侧轮廓；

（2）用椭圆绘制椭圆弧；

（3）用椭圆中心点方式绘制内部椭圆；

（4）重复(3)绘制其他 4 个椭圆；

（5）用直线连接最内侧椭圆象限点。

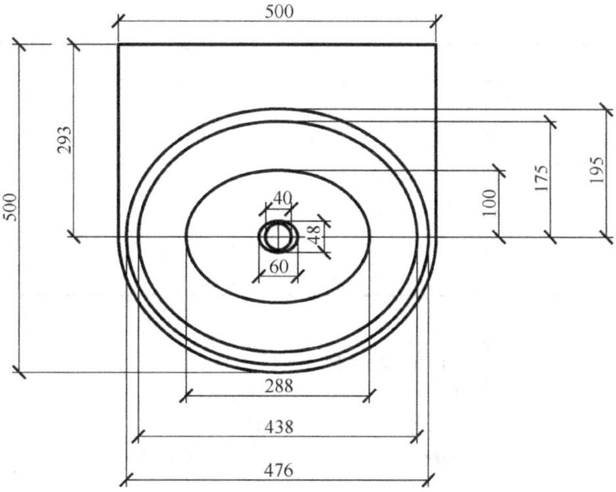

图 2-5　洗手池平面图

2.5.3　规范与依据

《建筑制图标准》GB/T 50104—2010。

2.5.4　项目小结

掌握绘制椭圆的三种方法：

1. 容易确定长轴、短轴端点时，用“指定椭圆的轴端点”绘制椭圆。
2. 容易确定椭圆圆心位置时，用“指定椭圆的中心点”绘制椭圆。
3. 绘制椭圆弧时须注意输入起止角度之间是保留椭圆的部分。

2.5.5　项目任务评价表

项目名称：<u>绘制洗手池平面图</u>　　学号：________　　姓名：________

评价项目	评价标准	评价依据	评价方式			权重	得分小计	总分
			自评	互评	教师评价			
			20（分）	20（分）	60（分）			
职业素质	1. 按时完成项目； 2. 完成项目时遵守纪律； 3. 积极主动、勤学好问； 4. 组织协调能力（用于分组教学）	学习表现				0.2		
专业能力	1. 完成项目成果的可用性； 2. 完成项目成果的美观性	1. 作业完成情况； 2. 实训项目完成情况记录				0.7		

续表

评价项目	评价标准	评价依据	评价方式			权重	得分小计	总分
			自评	互评	教师评价			
			20（分）	20（分）	60（分）			
安全及环保意识	1. 按要求使用计算机； 2. 按要求正确开、关计算机； 3. 实训结束按要求将凳子摆放整齐； 4. 爱护机房环境卫生	操作表现				0.1		
教师综合评价	指导老师签名：　　　　日期：							

注：将各项目考核得分按照各项目课时所占本门课程的比重折算到学生综合考核评价表中，可得出该生在整门课程的考核成绩。

2.6 绘制双人床平面图

2.6.1 目的与要求

通过上机操作，绘制双人床平面，如图 2-6 所示；掌握“倒角”和“打断”等命令的使用方法和技巧。

2.6.2 上机操作步骤与要点

1. 项目实施的步骤

（1）分析图形

双人床平面图主要由矩形和直线组成，绘图任务要用到“矩形”、“直线”等二维绘图命令，还要用到“倒角”、“复制”、“打断”等二维图形编辑命令。

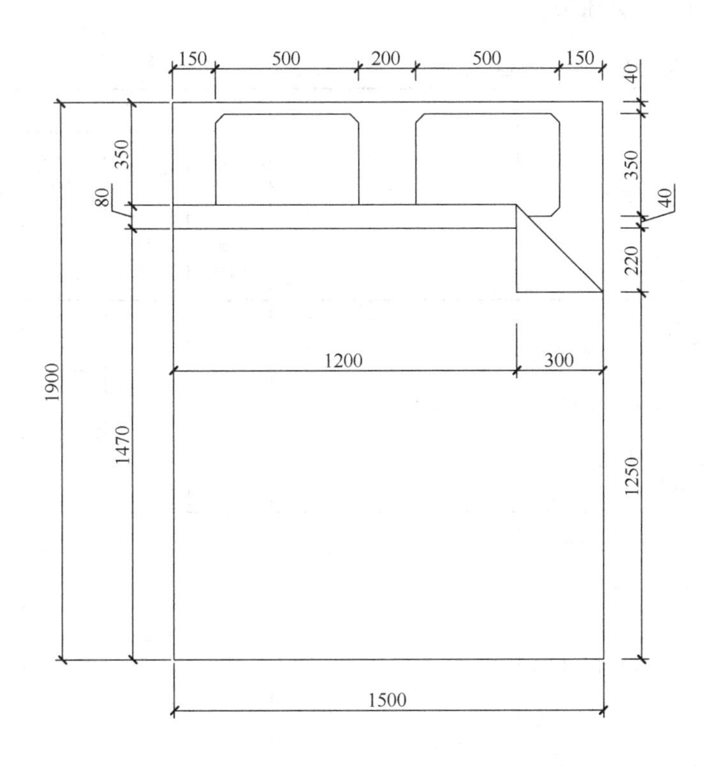

图 2-6　双人床平面图

（2）设置绘图环境

根据图形大小，设置合适的图形界限。

（3）图形绘制

按项目实施的要点绘制图形。

（4）复核绘制好的图形

绘制完成后，结合项目给出的条件图查缺补漏，完善绘制的图形。

2. 项目实施的要点

（1）用“矩形”绘制床外轮廓；

（2）用“矩形”绘制枕头，使用对象捕捉功能定位；

（3）对矩形枕头倒角；

（4）用“复制”命令复制另一个枕头；

（5）用“直线”命令结合“对象捕捉”绘制其他直线；

（6）打断矩形中需要删除的部分。

2.6.3　规范与依据

《建筑制图标准》GB/T 50104—2010。

2.6.4　项目小结

本项目主要用到“倒角”、“复制”和“打断”命令；倒角时先看一下默认值是不是同要输入的值一样，否则要重新输入；而打断命令有“打断”和“打断于点”两种方法。

2.6.5 项目任务评价表

项目名称：绘制双人床平面图 学号：________ 姓名：________

评价项目	评价标准	评价依据	评价方式			权重	得分小计	总分
			自评	互评	教师评价			
			20（分）	20（分）	60（分）			
职业素质	1. 按时完成项目； 2. 完成项目时遵守纪律； 3. 积极主动、勤学好问； 4. 组织协调能力（用于分组教学）	学习表现				0.2		
专业能力	1. 完成项目成果的可用性； 2. 完成项目成果的美观性	1. 作业完成情况； 2. 实训项目完成情况记录				0.7		
安全及环保意识	1. 按要求使用计算机； 2. 按要求正确开、关计算机； 3. 实训结束按要求将凳子摆放整齐； 4. 爱护机房环境卫生	操作表现				0.1		
教师综合评价	指导老师签名： 日期：							

注：将各项目考核得分按照各项目课时所占本门课程的比重折算到学生综合考核评价表中，可得出该生在整门课程的考核成绩。

2.7 绘制小便池平面图

2.7.1 目的与要求

通过上机操作，绘制小便池平面图，如图 2-7 所示；掌握“圆角”和“圆弧”等命令

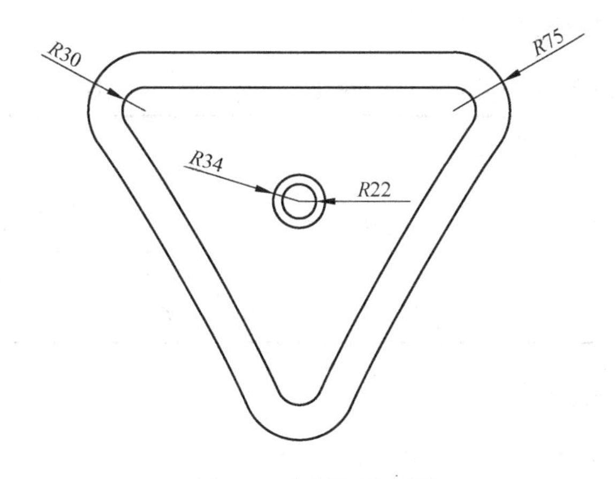

图 2-7 小便池平面图

的使用方法和技巧。

2.7.2 上机操作步骤与要点

1. 项目实施的步骤

(1) 分析图形

小便池平面图先要绘制出外轮廓，然后再进行圆角；内外轮廓形状一样，用“偏移”命令即可复制出内轮廓线；排水孔的圆心在近似三角形的中心，确定中心的方法与确定三角形中心的方法相同。

(2) 设置绘图环境

根据图形大小，设置合适的图形界限。

(3) 图形绘制

按项目实施的要点绘制图形。

(4) 复核绘制好的图形

绘制完成后，结合项目给出的条件图查缺补漏，完善绘制的图形。

2. 项目实施的要点

(1) 用“直线”命令绘制边长为 700 的正三角形；

(2) 用“圆弧”命令绘制两侧 15°圆弧轮廓线；

(3) 删除两侧的直线段；

(4) 用“圆角”命令对三个角分别进行倒圆角；

(5) 用“偏移”命令偏移出内侧轮廓线；

(6) 用“直线”命令画出中心点；

(7) 用“圆”命令绘制出小便池排水孔。

2.7.3 规范与依据

《建筑制图标准》GB/T 50104—2010。

2.7.4 项目小结

通过绘制便池平面图，掌握“偏移”、“圆角”等命令的使用方法和技巧，不仅可对圆弧和圆弧可以圆角操作，也可对直线和圆弧进行圆角操作。除了使用“直线”命令绘制正三角形外还可以使用“polygon”命令绘制正三角形。

2.7.5 项目任务评价表

项目名称：<u>绘制小便池平面图</u>　学号：________　姓名：________

评价项目	评价标准	评价依据	评价方式			权重	得分小计	总分
			自评	互评	教师评价			
			20（分）	20（分）	60（分）			
职业素质	1. 按时完成项目； 2. 完成项目时遵守纪律； 3. 积极主动、勤学好问； 4. 组织协调能力（用于分组教学）	学习表现				0.2		
专业能力	1. 完成项目成果的可用性； 2. 完成项目成果的美观性	1. 作业完成情况； 2. 实训项目完成情况记录				0.7		
安全及环保意识	1. 按要求使用计算机； 2. 按要求正确开、关计算机； 3. 实训结束按要求将凳子摆放整齐； 4. 爱护机房环境卫生	操作表现				0.1		
教师综合评价	指导老师签名：　　　　日期：							

注：将各项目考核得分按照各项目课时所占本门课程的比重折算到学生综合考核评价表中，可得出该生在整门课程的考核成绩。

2.8 绘制门平面图

2.8.1 目的与要求

通过上机操作，绘制门平面图，如图2-8所示；掌握“镜像”、“旋转”等命令的使用

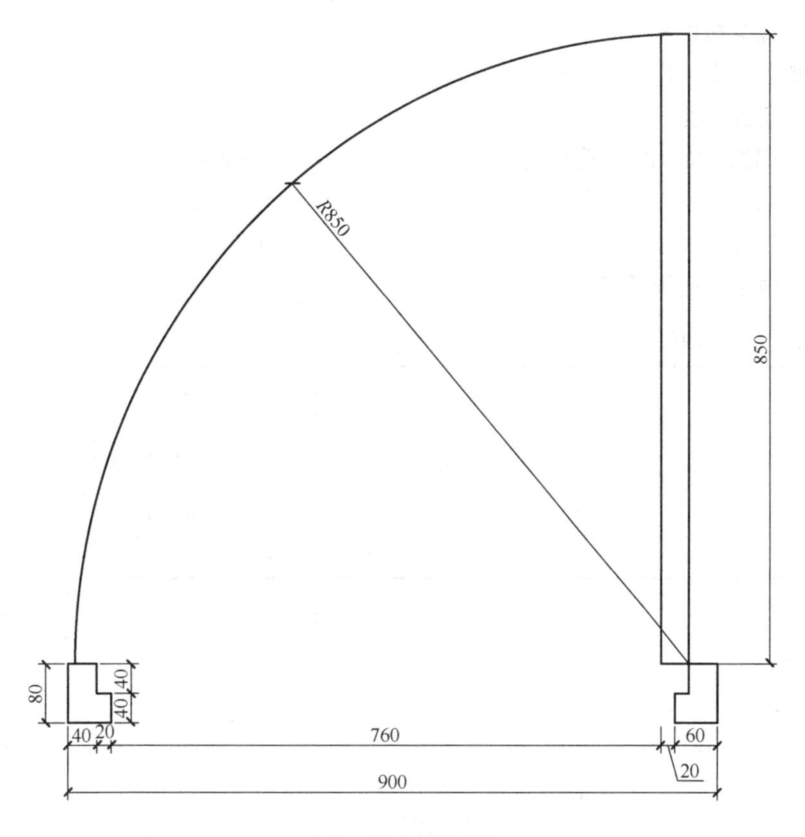

图 2-8　门平面图

方法和技巧。

2.8.2　上机操作步骤与要点

1. 项目实施的步骤

（1）分析图形

门平面图主要由不规则的多边形、矩形、四分之一圆弧组成，绘图任务要用到“直线”、“矩形”、“圆弧”等二维绘图命令，还要用到“镜像”、“旋转”等二维图形编辑命令。

（2）绘图环境设置

根据图形大小，设置合适的图形界限。

（3）图形绘制

按项目实施的要点绘制图形。

（4）复核绘制好的图形

绘制完成后，结合项目给出的条件图查缺补漏，完善绘制的图形。

2. 项目实施的要点

（1）用“直线”命令绘制右边门垛；

（2）用“矩形”命令绘制门扇；

（3）用“镜像”命令绘制左边门垛；

（4）用“旋转”命令将门扇旋转 90°；

（5）用“圆弧”命令绘制四分之一圆。

2.8.3 规范与依据

《建筑制图标准》GB/T 50104—2010。

2.8.4 项目小结

1. 在使用镜像命令时，选择完镜像对象后一定要进行确认。

2. 在绘制圆弧时易出现大小不对，位置方向错误。绘图过程中要首先弄清 X 轴的正向为起始方向，逆时针旋转为正方向，再确认起点、端点及第二个点。

2.8.5 项目任务评价表

项目名称：绘制门平面图　　　　学号：________　　　　姓名：________

评价项目	评价标准	评价依据	评价方式			权重	得分小计	总分
			自评	互评	教师评价			
			20（分）	20（分）	60（分）			
职业素质	1. 按时完成项目； 2. 完成项目时遵守纪律； 3. 积极主动、勤学好问； 4. 组织协调能力（用于分组教学）	学习表现				0.2		
专业能力	1. 完成项目成果的可用性； 2. 完成项目成果的美观性	1. 作业完成情况； 2. 实训项目完成情况记录				0.7		
安全及环保意识	1. 按要求使用计算机； 2. 按要求正确开、关计算机； 3. 实训结束按要求将凳子摆放整齐； 4. 爱护机房环境卫生	操作表现				0.1		
教师综合评价	指导老师签名：　　　　日期：							

注：将各项目考核得分按照各项目课时所占本门课程的比重折算到学生综合考核评价表中，可得出该生在整门课程的考核成绩。

2.9 绘制旋转楼梯平面图

2.9.1 目的与要求

通过上机操作，绘制旋转楼梯平面图，如图 2-9 所示；掌握“阵列”、“打断于点”等命令的使用方法和技巧。

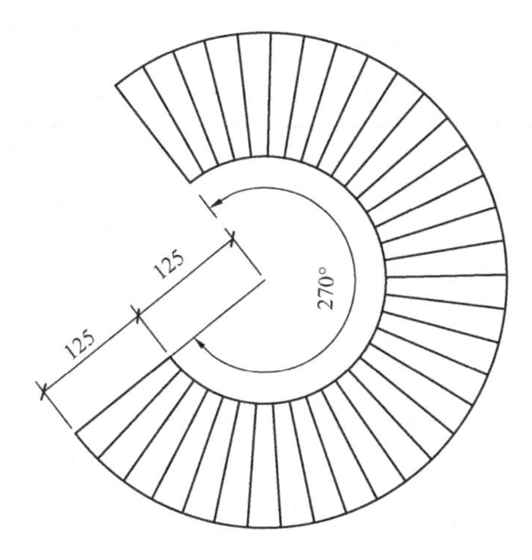

图 2-9 旋转楼梯平面图

2.9.2 上机操作步骤与要点

1. 项目实施的步骤

(1) 分析图形

旋转楼梯平面图主要由直线和圆弧组成，绘图任务要用到“直线”、“圆弧”等二维绘图命令，还要用到“阵列”、“打断于点”等二维图形编辑命令。

(2) 绘图环境设置

根据图形大小，设置合适的图形界限。

(3) 图形绘制

按项目实施的要点绘制图形。

(4) 复核绘制好的图形

绘制完成后，结合项目给出的条件图查缺补漏，完善绘制的图形。

2. 项目实施的要点

(1) 用“直线”命令绘制直线；

(2) 用“打断于点”命令将直线从中点处打断；

(3) 用“阵列”命令绘制旋转楼梯的踏步；

(4) 用“圆弧”命令绘制旋转楼梯的外弧。

2.9.3 规范与依据

《建筑制图标准》GB/T 50104—2010。

2.9.4 项目小结

对于绘制旋转楼梯平面图这样比较复杂的图形，绘图前要考虑好如何绘制，这样绘制的效率就会比较高。

2.9.5 项目任务评价表

项目名称：绘制旋转楼梯平面图　　学号：________　　姓名：________

<table>
<tr><th rowspan="3">评价项目</th><th rowspan="3">评价标准</th><th rowspan="3">评价依据</th><th colspan="3">评价方式</th><th rowspan="3">权重</th><th rowspan="3">得分小计</th><th rowspan="3">总分</th></tr>
<tr><th>自评</th><th>互评</th><th>教师评价</th></tr>
<tr><th>20（分）</th><th>20（分）</th><th>60（分）</th></tr>
<tr><td>职业素质</td><td>1. 按时完成项目；
2. 完成项目时遵守纪律；
3. 积极主动、勤学好问；
4. 组织协调能力（用于分组教学）</td><td>学习表现</td><td></td><td></td><td></td><td>0.2</td><td></td><td rowspan="3"></td></tr>
<tr><td>专业能力</td><td>1. 完成项目成果的可用性；
2. 完成项目成果的美观性</td><td>1. 作业完成情况；
2. 实训项目完成情况记录</td><td></td><td></td><td></td><td>0.7</td><td></td></tr>
<tr><td>安全及环保意识</td><td>1. 按要求使用计算机；
2. 按要求正确开、关计算机；
3. 实训结束按要求将凳子摆放整齐；
4. 爱护机房环境卫生</td><td>操作表现</td><td></td><td></td><td></td><td>0.1</td><td></td></tr>
<tr><td>教师综合评价</td><td colspan="8">指导老师签名：　　　　　　　　日期：</td></tr>
</table>

注：将各项目考核得分按照各项目课时所占本门课程的比重折算到学生综合考核评价表中，可得出该生在整门课程的考核成绩。

2.10 绘制建筑平面墙体

2.10.1 目的与要求

通过上机操作，绘制建筑平面墙体，如图 2-10 所示；掌握“多线样式”、“多线”、“多线编辑”等命令的使用方法和技巧。

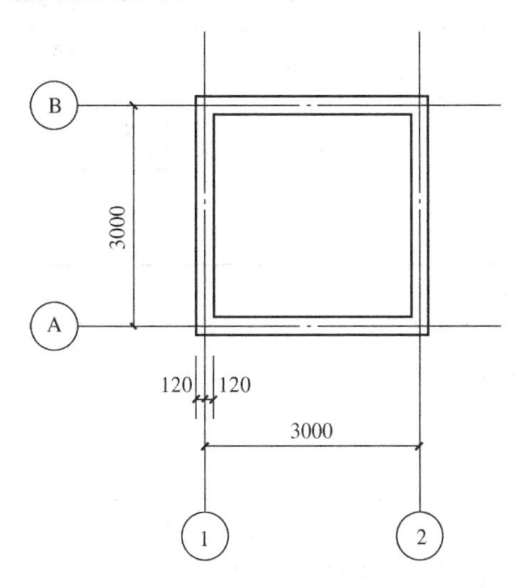

图 2-10 建筑平面墙体

2.10.2 上机操作步骤与要点

1. 项目实施的步骤

(1) 分析图形

绘制墙体平面图时要用到“直线”、“图层”等命令。为完成该项目任务，还要学习“多线样式”、“多线”、“多线编辑”等命令。

(2) 绘图环境设置

根据图形大小，设置合适的图形界限。

(3) 图形绘制

按项目实施的要点绘制图形。

(4) 复核绘制好的图形

绘制完成后，结合项目给出的条件图查缺补漏，完善绘制的图形。

2. 项目实施的要点

(1) 采用“图层”命令新建两个图层（轴线层和墙线层）；

(2) 采用“直线”命令在轴线层绘制轴线；

(3) 采用“多线样式”设置墙体 240；

(4) 采用“多线”命令画双线墙；

(5) 采用“多线编辑”命令修改双线墙。

2.10.3 规范与依据

《建筑制图标准》GB/T 50104—2010。

2.10.4 项目小结

1. 正确使用图层设置，分层管理图形内容。

2. 用“多线”命令绘制墙体时选择合适的比例和对正方式。默认情况下对正方式为上，比例为 20，应修改为对正方式为无，比例为 1。

2.10.5 项目任务评价表

项目名称：<u>绘制建筑平面墙体</u>　　学号：________　　姓名：________

评价项目	评价标准	评价依据	评价方式			权重	得分小计	总分
			自评	互评	教师评价			
			20 （分）	20 （分）	60 （分）			
职业素质	1. 按时完成项目； 2. 完成项目时遵守纪律； 3. 积极主动、勤学好问； 4. 组织协调能力（用于分组教学）	学习表现				0.2		
专业能力	1. 完成项目成果的可用性； 2. 完成项目成果的美观性	1. 作业完成情况； 2. 实训项目完成情况记录				0.7		
安全及环保意识	1. 按要求使用计算机； 2. 按要求正确开、关计算机； 3. 实训结束按要求将凳子摆放整齐； 4. 爱护机房环境卫生	操作表现				0.1		
教师综合评价	指导老师签名：　　日期：							

注：将各项目考核得分按照各项目课时所占本门课程的比重折算到学生综合考核评价表中，可得出该生在整门课程的考核成绩。

模块 3　建筑工程图中的标注

3.1　文　字　标　注

3.1.1　目的与要求

通过上机操作，绘制如表 3-1 所示的图纸目录，掌握 AutoCAD 软件中输入文字标注的方法，能独立完成文本标注与编辑。

图　纸　目　录　　　　**表 3-1**

<table>
<tr><th>序号</th><th>图别</th><th>名　称</th><th>图号</th><th>序号</th><th>图别</th><th>名　称</th><th>图号</th></tr>
<tr><td>1</td><td>建施 01</td><td>总平面图</td><td>A3</td><td>9</td><td>建施 09</td><td>⑬-①立面图</td><td>A3</td></tr>
<tr><td rowspan="2">2</td><td rowspan="2">建施 02</td><td rowspan="2">建筑施工图设计说明、图纸目录、室内装修表</td><td rowspan="2">A3</td><td>10</td><td>建施 10</td><td>Ⓚ-Ⓐ立面图</td><td>A3</td></tr>
<tr><td>11</td><td>建施 11</td><td>1-1 剖面图</td><td>A3</td></tr>
<tr><td>3</td><td>建施 03</td><td>一层平面图</td><td>A3</td><td rowspan="2">12</td><td rowspan="2">建施 12</td><td rowspan="2">各层楼梯平面详图、卫生间大样图、门头大样、A 线条大样</td><td rowspan="2">A3</td></tr>
<tr><td>4</td><td>建施 04</td><td>二层平面图</td><td>A3</td></tr>
<tr><td>5</td><td>建施 05</td><td>三至五层平面图</td><td>A3</td><td rowspan="2">13</td><td rowspan="2">建施 13</td><td rowspan="2">a-a 剖面、b-b 剖面、大样 1，2，3，4，7，8</td><td rowspan="2">A3</td></tr>
<tr><td>6</td><td>建施 06</td><td>六层平面图</td><td>A3</td></tr>
<tr><td>7</td><td>建施 07</td><td>屋顶平面图</td><td>A3</td><td rowspan="2">14</td><td rowspan="2">建施 14</td><td rowspan="2">门窗立面详图、TC1519 平面、门窗表、大样 5，6</td><td rowspan="2">A3</td></tr>
<tr><td>8</td><td>建施 08</td><td>①-⑬立面图</td><td>A3</td></tr>
</table>

3.1.2　上机操作步骤与要点

1. 项目实施的步骤

(1) 分析图形

在文本标注中，主要包括汉字、字母、数字和书写符号等的输入，绘图要用到“文字样式”、“单行文字标注”、“多行文字标注”等命令。

(2) 绘图环境设置

根据图形要求，设置文字样式。

(3) 图形绘制

按项目实施的要点绘制图形。

(4) 复核绘制好的图形

2. 项目实施的要点

(1) 单击“格式”菜单中的“文字样式”命令，新建文件样式，在“样式名”中输入“汉字”和“数字”。在“字体名”下拉列表中分别选择“T 仿宋-GB2312”和“黑体”，然后再设置字体高度及高宽比。

（2）创建单行文字，在文字样式中选用“汉字”或“数字”，然后使用“单行文字”命令，输入文字或数字。

（3）编辑单行文字。移动单行文字，可以用“移动命令”实现；修改单行文字内容可以选择单行文字，双击它，然后对其进行修改；修改单行文字的样式，首先要选中这些文字，然后在文字样式的列表中选取所要修改的样式。

（4）创建多行文字，在文字样式中选用仿宋，然后使用“多行文字”命令，输入文字。

（5）编辑多行文字。双击多行文字，会弹出“文字编辑器”对话框，在其中修改文字的内容和格式。

3.1.3 规范与依据

建筑图中的汉字应采用国家公布的简化字，并用长仿宋体（对大标题、图册封面、地形图等的汉字也可书写成其他字体，但应易于辨认），长仿宋字的字宽与字高的比例约为0.7；建筑图中的数字和字母与汉字不同，须用黑体字，可写成直体或斜体，但在同一图样上，只允许选用一种形式的字体（国标中还有其他书写要求，这里不再详述）。

3.1.4 项目小结

文字输入有单行文字输入和多行文字输入两种。在完整的建筑图中，文本标注是不可缺少的组成部分，须掌握文字样式的设置和单行文字及多行文字的输入与编辑。

3.1.5 项目任务评价表

项目名称：<u>文字标注</u>　　学号：________　　姓名：________

评价项目	评价标准	评价依据	评价方式			权重	得分小计	总分
			自评	互评	教师评价			
			20（分）	20（分）	60（分）			
职业素质	1. 按时完成项目； 2. 完成项目时遵守纪律； 3. 积极主动、勤学好问； 4. 组织协调能力（用于分组教学）	学习表现				0.2		
专业能力	1. 完成项目成果的可用性； 2. 完成项目成果的美观性	1. 作业完成情况； 2. 实训项目完成情况记录				0.7		

续表

评价项目	评价标准	评价依据	评价方式			权重	得分小计	总分
			自评	互评	教师评价			
			20（分）	20（分）	60（分）			
安全及环保意识	1. 按要求使用计算机； 2. 按要求正确开、关计算机； 3. 实训结束按要求将凳子摆放整齐； 4. 爱护机房环境卫生	操作表现				0.1		
教师综合评价	指导老师签名：　　　　日期：							

注：将各项目考核得分按照各项目课时所占本门课程的比重折算到学生综合考核评价表中，可得出该生在整门课程的考核成绩。

3.2 尺寸标注

3.2.1 目的与要求

通过上机操作，完成如图 3-1 所示图形的尺寸标注；掌握 AutoCAD 软件中尺寸标注的方法，能按要求完成建筑图形中的尺寸标注。

3.2.2 上机操作步骤与要点

1. 项目实施的步骤

（1）分析图形

在 AutoCAD 中进行建筑图的尺寸标注，需先设置标注的外观，如箭头样式、尺寸线长度、文字位置和大小、比例等。完整的尺寸标注应包括尺寸界线、尺寸线、尺寸起止符号和尺寸数字 4 部分。

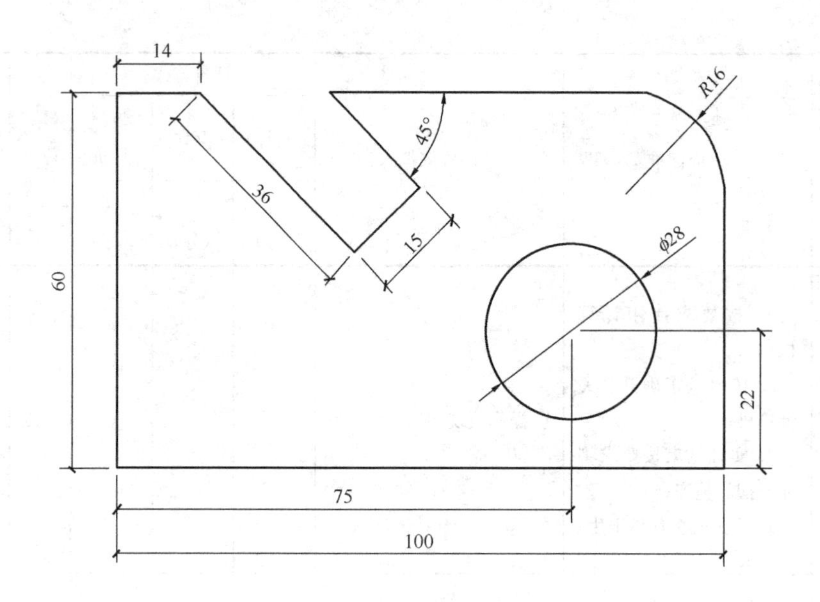

图 3-1 尺寸标注

（2）绘图环境设置

根据图形大小，创建适用于建筑制图行业标准的尺寸样式。

（3）图形绘制

按项目实施的要点绘制图形。

（4）复核绘制好的图形

2. 项目实施的要点

（1）创建尺寸标注样式。打开“标注样式管理器”对话框，创建新标注样式，然后对新标注样式的参数进行设置，包括“直线”、“符号和箭头”、“文字”、“调整”、“主单位”等内容的设置。

（2）编辑尺寸标注样式。当发现新建尺寸标注样式的参数需要修改或输入有误时，可以打开“标注样式管理器”，在左侧样式名称中选择该标注样式，再单击修改按钮对其进行修改。

（3）进行尺寸标注，如图 3-2 所示。标注前先将新建的标注样式选为当前标注样式，然后用标注工具栏对图形进行标注。

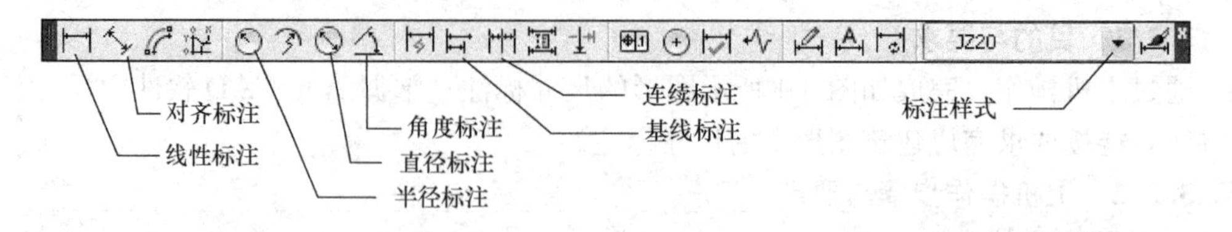

图 3-2 标注工具栏

（4）编辑尺寸数字及其位置。尺寸数字错误，可以双击尺寸数字，在弹出的“特性”对话框中找到“文字”部分，其中“测量单位”栏中显示的是绘图的尺寸，在“文字替代”栏中输入所需要的正确尺寸。

3.2.3 规范与依据

1. 完整的尺寸标注应包括：尺寸界线、尺寸线、尺寸起止符号和尺寸数字4部分。

2. 尺寸界线表示了尺寸标注的起点和终点，一般情况下应与被标注长度垂直，用细实线绘制，其一端应离开图样轮廓线不小于2mm，另一端宜超出尺寸线2～3mm。

3. 尺寸线连接了两端的尺寸界线，与被标注长度平行，也用细实线绘制。画在外围的尺寸线，与图样最外轮廓线的距离不宜小于10mm，平行排列的尺寸线间距为7～10mm，按小尺寸近、大尺寸远的顺序整齐排列。

4. 尺寸起止符号应用中粗斜短线画，其倾斜方向应与尺寸界限呈45°，长度宜为2～3mm；半径、角度、弧长的尺寸起止符号宜用箭头表示。

3.2.4 项目小结

1. 如果在绘图过程中失误，造成尺寸标注不准确，可以在标注完成后进行修改。双击尺寸数字，尺寸数字在“多行文字编辑器”中显示，修改为正确的数字，单击“确定”。但是，修改完的数字会失去与被测量物体的关联性。

2. 如果尺寸界线间距太小，需要移动尺寸数字的位置，可选择尺寸数字，将鼠标放在文字的夹点上，在快捷菜单中选取“仅移动文字”或“随引线移动”等命令，然后移动数字到目标位置。

3.2.5 项目任务评价表

项目名称：尺寸标注　　学号：________　　姓名：________

评价项目	评价标准	评价依据	评价方式			权重	得分小计	总分
			自评	互评	教师评价			
			20（分）	20（分）	60（分）			
职业素质	1. 按时完成项目； 2. 完成项目时遵守纪律； 3. 积极主动、勤学好问； 4. 组织协调能力（用于分组教学）	学习表现				0.2		
专业能力	1. 完成项目成果的可用性； 2. 完成项目成果的美观性	1. 作业完成情况； 2. 实训项目完成情况记录				0.7		

续表

评价项目	评价标准	评价依据	评价方式			权重	得分小计	总分
			自评	互评	教师评价			
			20（分）	20（分）	60（分）			
安全及环保意识	1. 按要求使用计算机； 2. 按要求正确开、关计算机； 3. 实训结束按要求将凳子摆放整齐； 4. 爱护机房环境卫生	操作表现				0.1		
教师综合评价	指导老师签名：　　　日期：							

注：将各项目考核得分按照各项目课时所占本门课程的比重折算到学生综合考核评价表中，可得出该生在整门课程的考核成绩。

模块4　平 面 图 的 绘 制

4.1　样 板 图 的 绘 制

4.1.1　目的与要求

通过上机操作，绘制样板图，如图4-1所示；了解样板图的概念，掌握绘制样板图的方法，并能创建和使用样板图。

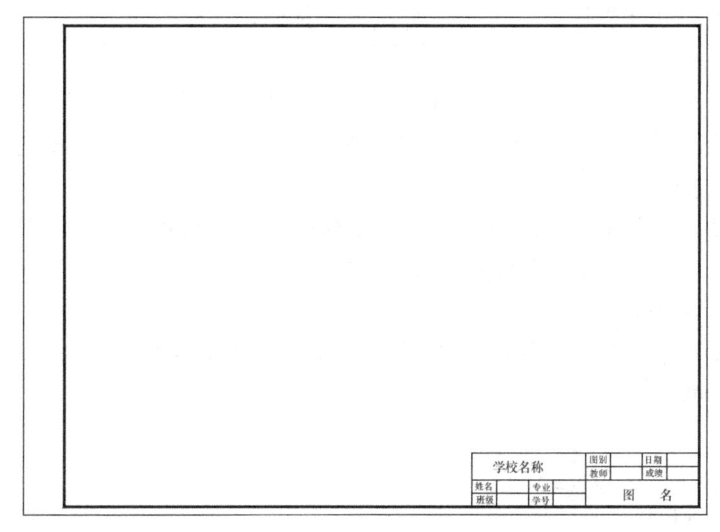

(*a*)

<table>
<tr><td colspan="4" rowspan="2">学校名称</td><td>图别</td><td></td><td>日期</td><td></td></tr>
<tr><td>教师</td><td></td><td>成绩</td><td></td></tr>
<tr><td>姓名</td><td></td><td>专业</td><td></td><td colspan="4" rowspan="2">图　名</td></tr>
<tr><td>班级</td><td></td><td>学号</td><td></td></tr>
</table>

(*b*)

图4-1　A3样板图及标题栏放大效果
(*a*) A3样板图；(*b*) 标题栏放大效果

4.1.2　上机操作步骤与要点

1. 项目实施的步骤

(1) 分析图形

样板图是为了避免在每一张图纸中重复图框、标题栏、绘图单位、精度、文字样式、尺寸标注样式等操作，节省绘图时间，而在开始绘图之前建立的。在创建样板图时要进行“图层”、“图框”、“绘图单位”、“绘图精度”、“文字样式”以及“尺寸标注样式”的设置。

（2）绘图环境设置

根据图形大小，设置图形界限，并设置样板图的参数，包括“图框”、“绘图单位”、“绘图精度”、“文字样式”、“尺寸标注样式”。

（3）图形绘制

按项目实施的要点绘制图形。

（4）复核绘制好的图形

2. 项目实施的要点

（1）设置绘图单位和绘图精度

设置内容包括“长度CA测量单位”、“精度、角度的测量单位”、“精度、角度的起始方向”和“角度的正方向”。

（2）设置图形界限

执行“格式｜图形界限”，然后回车并输入坐标值，设置绘图区域。

（3）设置图层

执行“格式｜图层”命令或单击图层图标，打开“图层特性管理器”对话框，单击“新建图层”按钮，在“名称”文本框中输入新图层名，并设置颜色和线宽。

（4）设置文字样式

执行“格式｜文字样式”命令，在“文字样式”对话框中设置“高度”和“字体样式”，“字体样式”也可在输入多行文字时再设置。

（5）设置标注样式

执行“格式｜标注样式”命令，在“标样式管理器”对话框中单击“新建”按钮，新建一个样式名，单击继续。

（6）绘制图框

A3纸的图幅为42000×29700。

（7）绘制标题栏

标题栏一般位于图纸的右下角，标题栏的尺寸为14000×3200，如图4-2所示。

（8）保存样板图

①执行：“文件｜另存为”弹出“图形另存为”对话框，在“文件类型”下拉列表框中选择“AutoCAD图形样板（＊.dwt)”选项，在“文件名”文本框中输入文件名称，如A3样板图。

②单击“保存”按钮，弹出“样板说明”对话框，在“说明”中输入对图形的描述和说明（可选），单击确定，建立一个标准A3幅面的样板文件。

（9）使用样板图

执行“文件｜新建”命令，打开“选择样板”对话框；在“名称”下选择已经保存的“A3样板图”，单击“打开”即可。

4.1.3 规范与依据

根据《房屋建筑制图统一标准》GB/T 50001—2001规定，图纸幅面及图框尺寸应符合表4-1的规定。图纸的短边一般不应该加长，长边可以加长，但应符合规范标准。图纸以短边作为垂直边成为横式，以短边作为水平边称为立式。标题栏应根据需要选择确定其尺寸、格式及分区。会签栏内应填写会签人员所代表的专业、姓名、日期（年、月、日）；

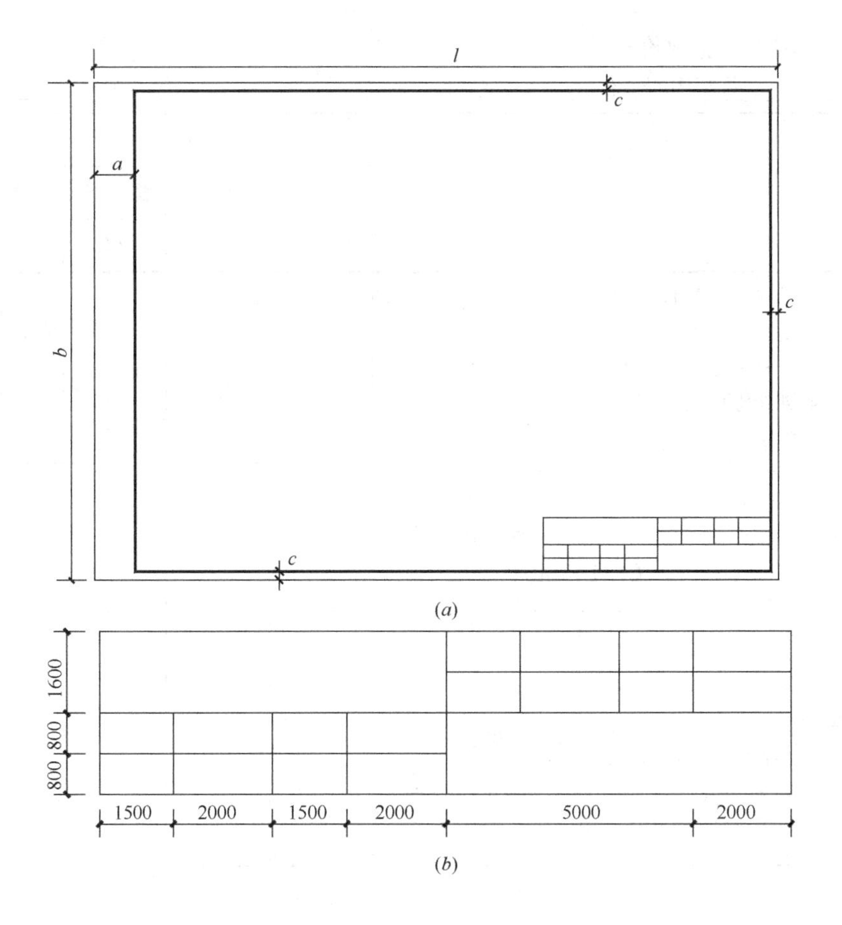

图 4-2　标题栏绘制结果及标题栏尺寸
（a）标题栏绘制结果；（b）标题栏尺寸（mm）

一个会签栏不够时，可另加一个，两个会签栏应并列；不需会签的图纸可不设会签栏。

幅面及图框尺寸（mm）　　　　**表 4-1**

幅面代号 / 尺寸代号	A0	A1	A2	A3	A4
$b \times l$	841×1189	594×841	420×594	297×420	210×297
c	10			5	
a	25				

4.1.4　项目小结

指出操作中的注意事项，并纠正出现的以下问题：

1. 绘制样板图时，应先理解样板图的概念及所包含的内容。

2. 创建样板图的方法有两种，使用向导创建样板图和在已经打开的文件中创建样板图。

3. 创建样板图后，还要会将样板图应用于建筑图纸的绘制中。

4.1.5　项目任务评价表

项目名称：　样板图的绘制　　　学号：＿＿＿＿　　　姓名：＿＿＿＿

评价项目	评价标准	评价依据	评价方式			权重	得分小计	总分
			自评	互评	教师评价			
			20(分)	20(分)	60(分)			
职业素质	1. 按时完成项目； 2. 完成项目时遵守纪律； 3. 积极主动、勤学好问； 4. 组织协调能力（用于分组教学）	学习表现				0.2		
专业能力	1. 完成项目成果的可用性； 2. 完成项目成果的美观性	1. 作业完成情况； 2. 实训项目完成情况记录				0.7		
安全及环保意识	1. 按要求使用计算机； 2. 按要求正确开、关计算机； 3. 实训结束按要求将凳子摆放整齐； 4. 爱护机房环境卫生	操作表现				0.1		
教师综合评价	指导老师签名：　　　　日期：							

注：将各项目考核得分按照各项目课时所占本门课程的比重折算到学生综合考核评价表中，可得出该生在整门课程的考核成绩。

4.2　绘制平面图的方法

4.2.1　目的与要求

通过上机操作，绘制建筑平面图，如图4-3所示；掌握绘制平面图的方法，熟悉绘制建筑平面图常用的命令和方法。

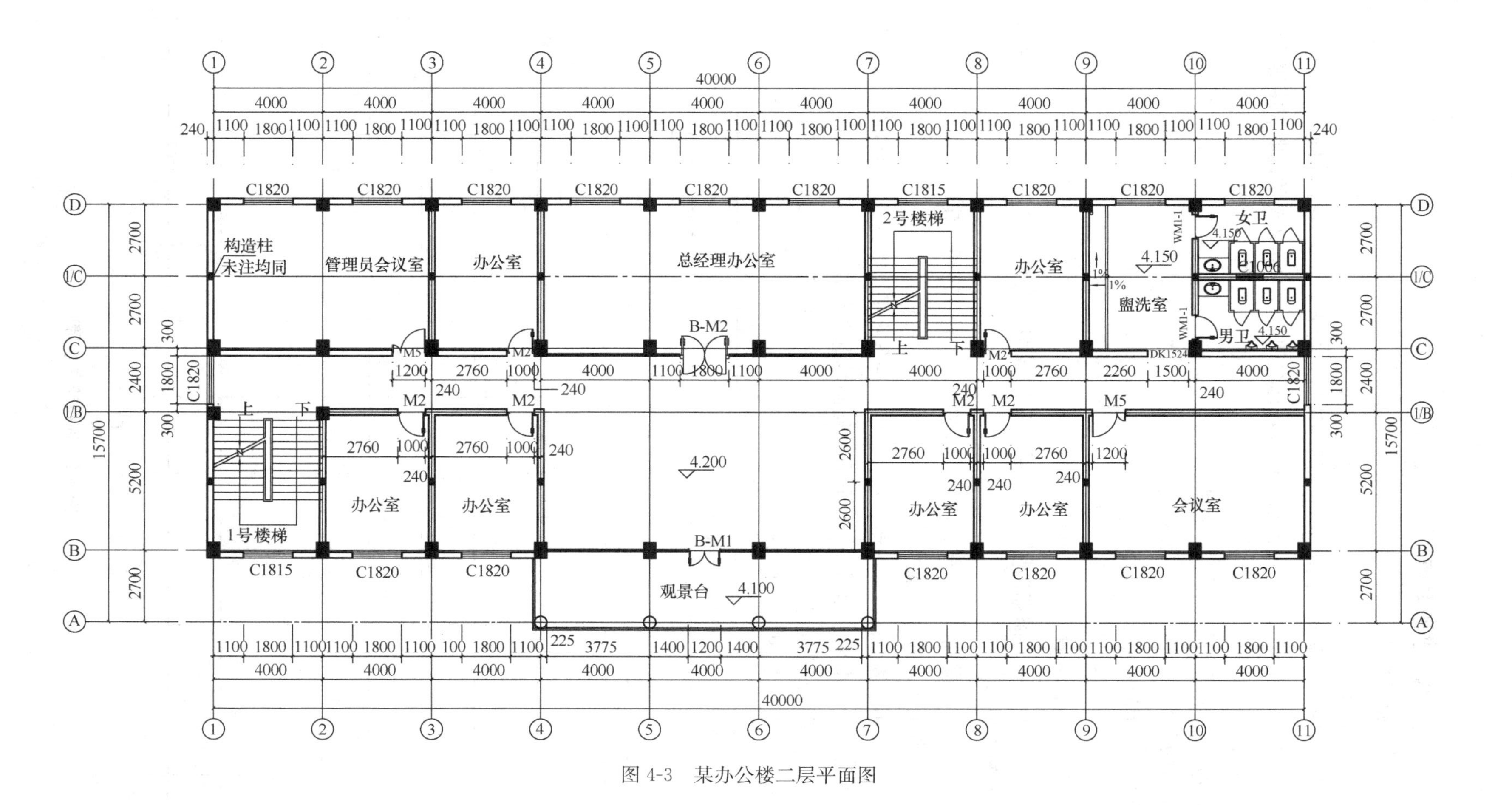

图 4-3　某办公楼二层平面图

4.2.2 上机操作步骤与要点

1. 项目实施的步骤

（1）分析图形

绘制平面图时，应先根据图形对绘图环境进行设置；然后确定柱网，绘制墙体、门窗、阳台、楼梯、雨棚、踏步、散水、设备，标注初步尺寸和必要的说明文字等。

（2）绘图环境设置

设置合适的图形界限、图层、线型。

（3）图形绘制

按项目实施的要点绘制图形。

（4）复核绘制好的图形

2. 项目实施的要点

（1）图层的设置。添加新图层，加载更多的线型，将绘图时用到的图层的名称、颜色、线型等设置好。

（2）设置文字样式。文字样式常用仿宋和黑体，样式名可自定。

（3）绘制轴线。选择“轴线图层”，打开“正交模式”，选直线工具绘制轴线。如果看不到全图，要用缩放全部图形按钮显示。当绘出一条水平直线以后，可以用“偏移”命令再将其他轴线绘制出来，然后再用相同方法绘制竖直方向的轴线。

A～D 轴线的间距分别为 2700、5200、2400、2700、2700（如图 4-4*a*），1～11 轴线的间距均为 4000（如图 4-4*c* 所示）。

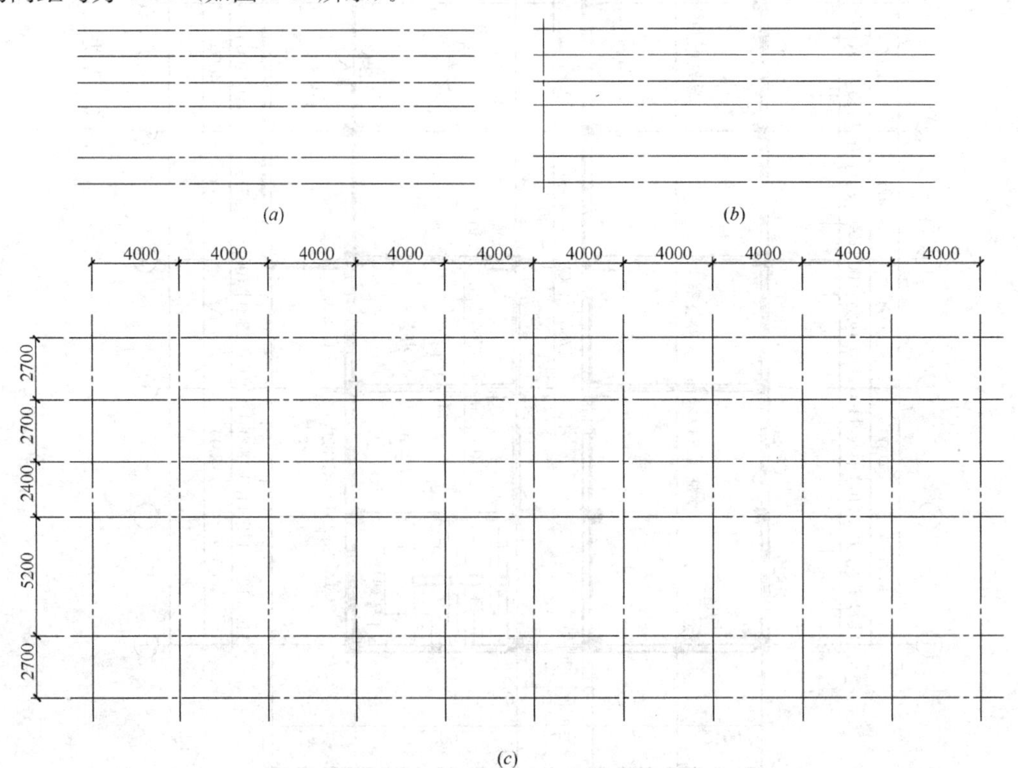

图 4-4 轴线绘制步骤

（4）绘制墙体，如图4-5所示。设置多线样式，准备画24的墙体；在墙体图层下启用“多线”命令，设置对正方式为下，比例为1，沿四周画出墙体；调整对正方式为无，绘制出内部两侧墙体；设置多线接口样式，把墙体接口打通。

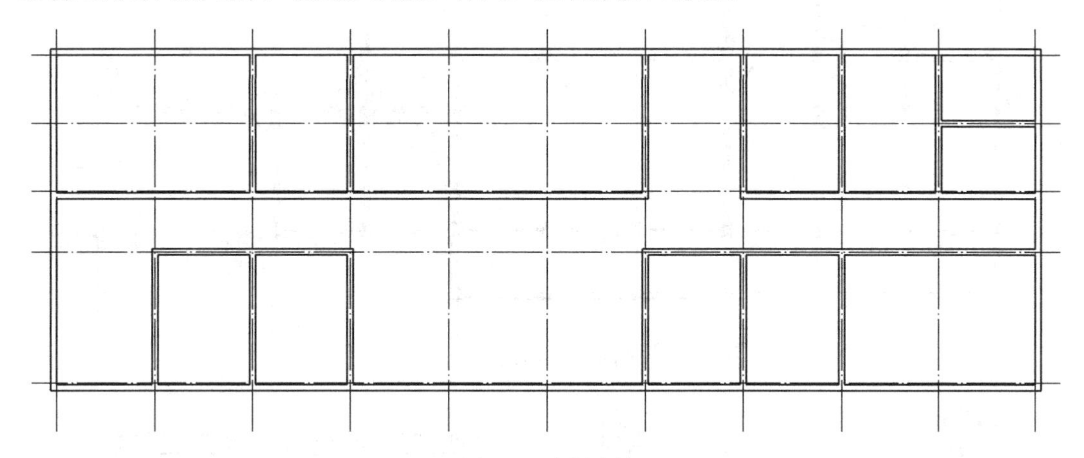

图4-5　绘制墙体

（5）绘制柱子，如图4-6所示。用“矩形”命令绘制出柱子，使用“图案填充”命令将柱子填充实体黑色，用“复制”和“创建块”命令绘制所有柱子。

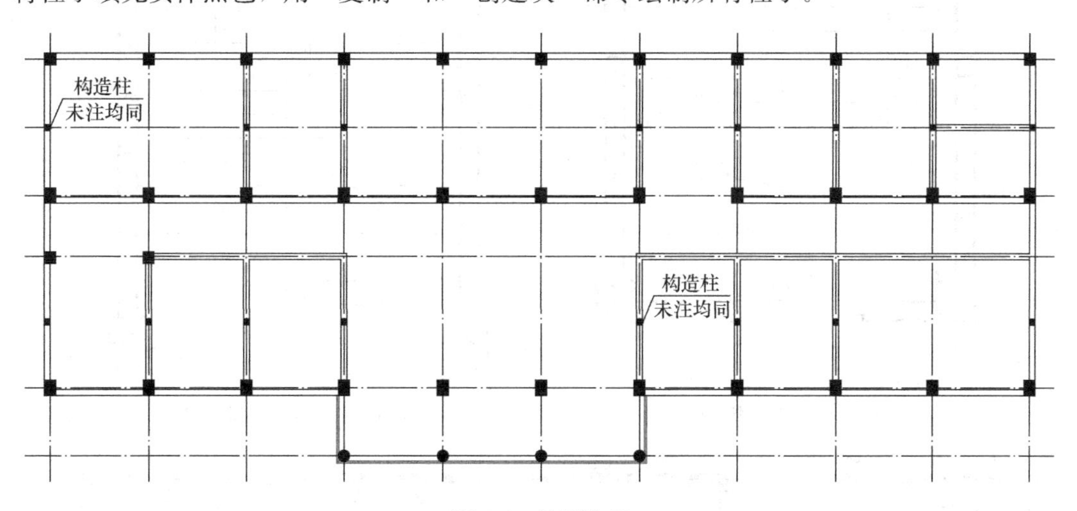

图4-6　绘制柱子

（6）门窗的绘制，如图4-7所示。隐藏其他图层，在墙体上画竖线定位开窗点，然后用“修剪”命令修剪窗口，利用竖线修剪一个窗口后，复制竖线到其他开窗墙体上，将其余窗口绘制出来；在窗口位置在门窗图层绘制出四条蓝色的连接线作为窗户俯视图。门洞的画法与窗口的画法相同。

（7）楼梯的绘制，如图4-8～图4-10所示。绘制楼梯时先绘制横线，再阵列出所有台阶，然后画中间扶手；再绘制台阶上的折口，表示上面还有楼梯；最后标注楼梯标高、上下方向箭头，绘制楼梯上下方向箭头的快速方法是利用引线标注。

（8）尺寸标注和文字标注，如图4-11～图4-14所示。

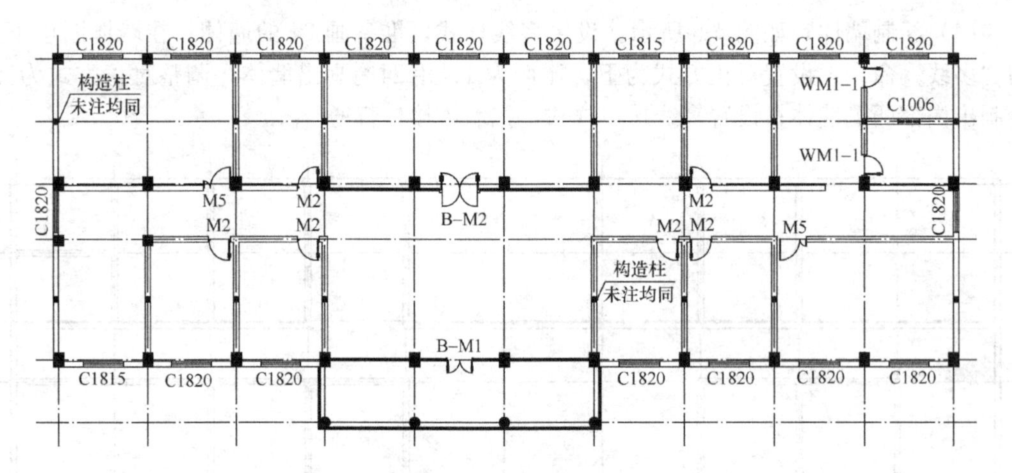

图 4-7　绘制门窗

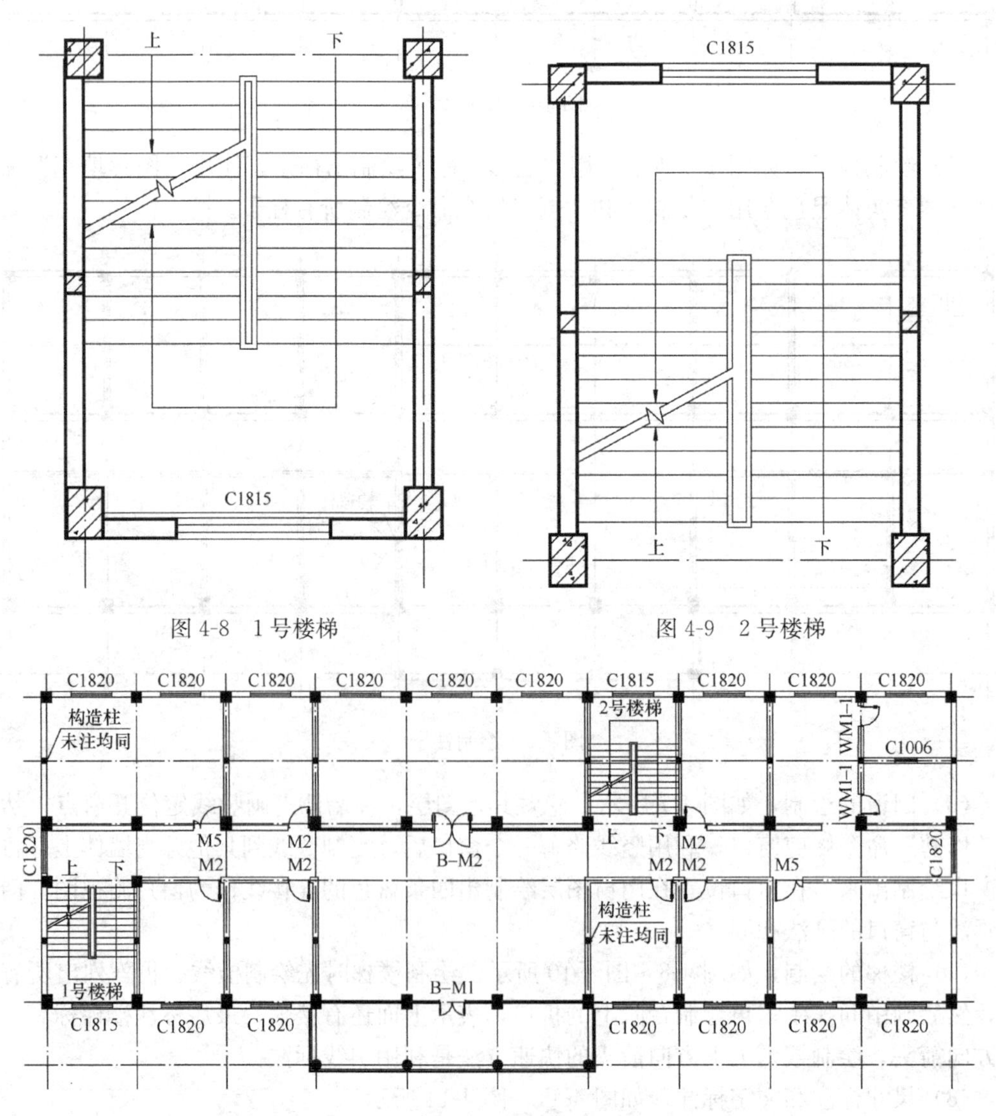

图 4-8　1 号楼梯

图 4-9　2 号楼梯

图 4-10　绘制楼梯

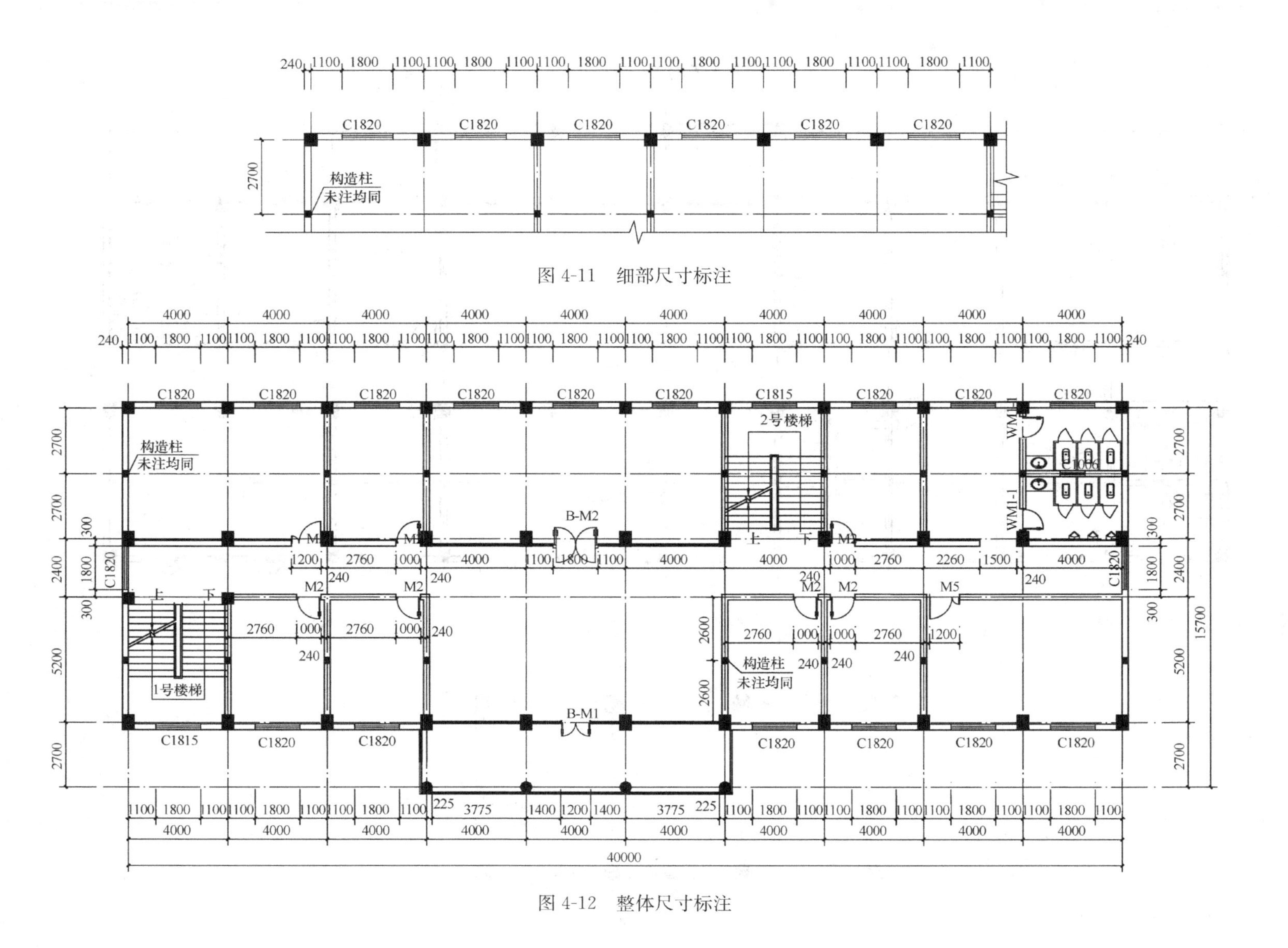

图 4-11　细部尺寸标注

图 4-12　整体尺寸标注

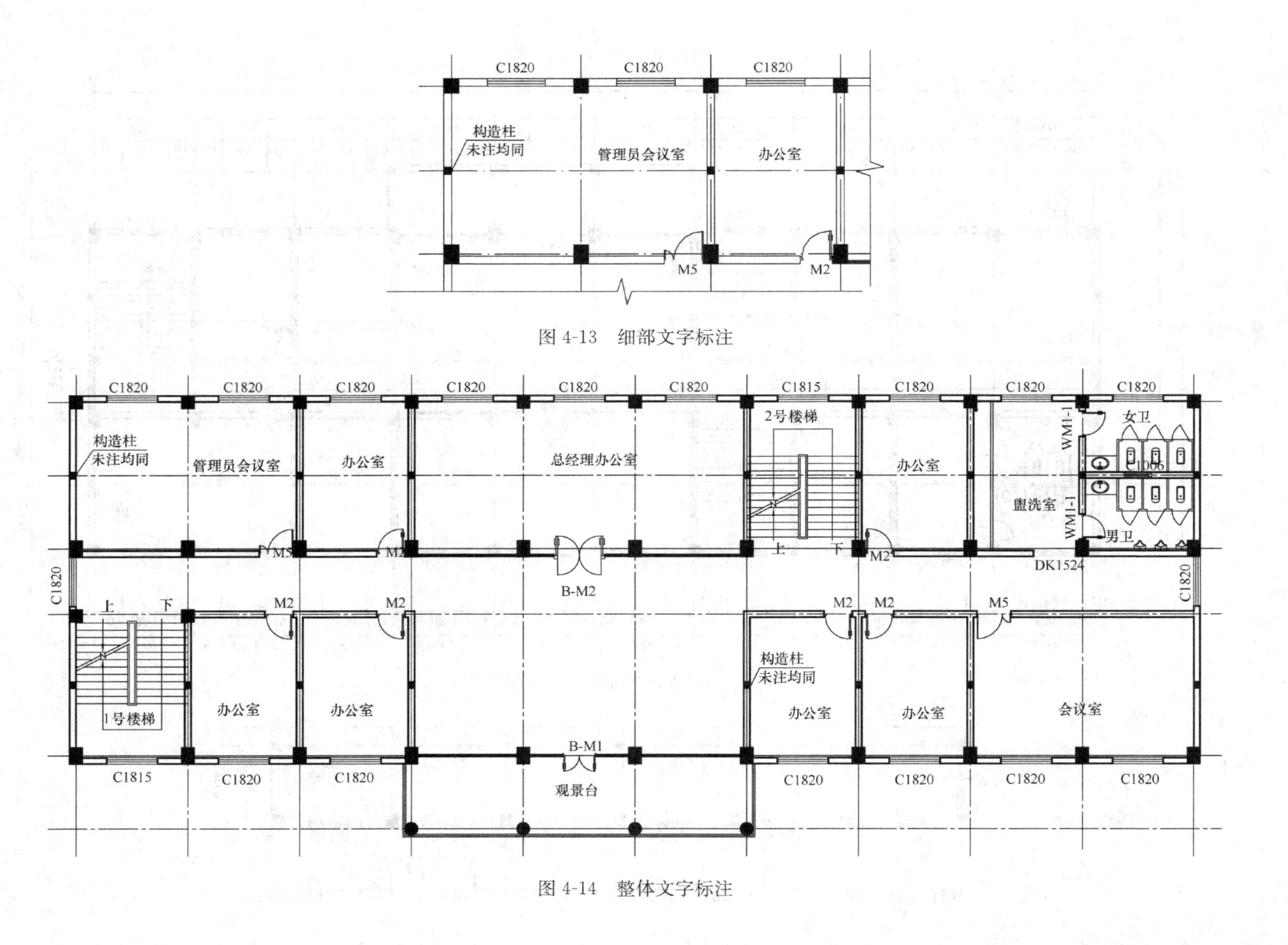

图 4-13 细部文字标注

图 4-14 整体文字标注

（9）绘制轴线编号，如图 4-15 所示。绘制轴线编号的方法是定义块属性值，导入修改值文字。

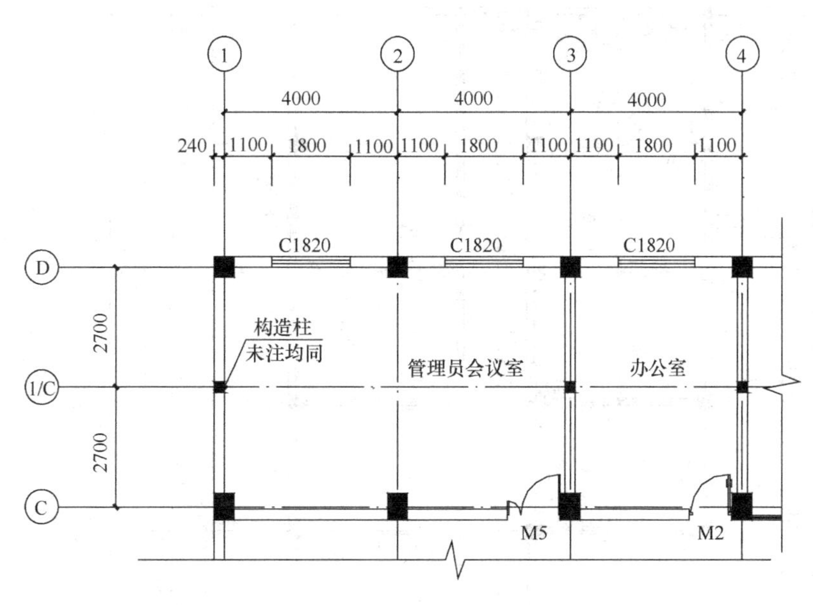

图 4-15　局部轴线编号

（10）绘制图名及显示线宽，如图 4-16 所示。

4.2.3　规范与依据

根据《建筑制图规范》GB/T 50104—2010，平面图的方向宜与总图方向一致。平面图的长边宜与横式幅面图纸的长边一致。建筑物平面图应在建筑物的门窗洞口处剖切俯视，屋顶平面图应该在屋面以上俯视，图内应包括剖切面及投影方向可见的建筑构造以及必要的尺寸、标高等，表示高窗、洞口、通气孔、槽、地沟及起重机等不可见部分，应采用虚线绘制。建筑物平面图应注意写房间的名称或编号。

4.2.4　项目小结

指出操作中的注意事项，并纠正出现的以下问题。

1. 绘制平面图时需要解决的问题为：比例问题、线型确定、分层问题、作图顺序。处理好这几个问题，可以在以后绘制和修改图形的过程中省去许多不必要的麻烦。

2. 本项目中，涉及的绘图命令较多，图形相对较复杂，所以在绘图的过程中要理解平面图的概念，掌握绘制平面图的一般方法。

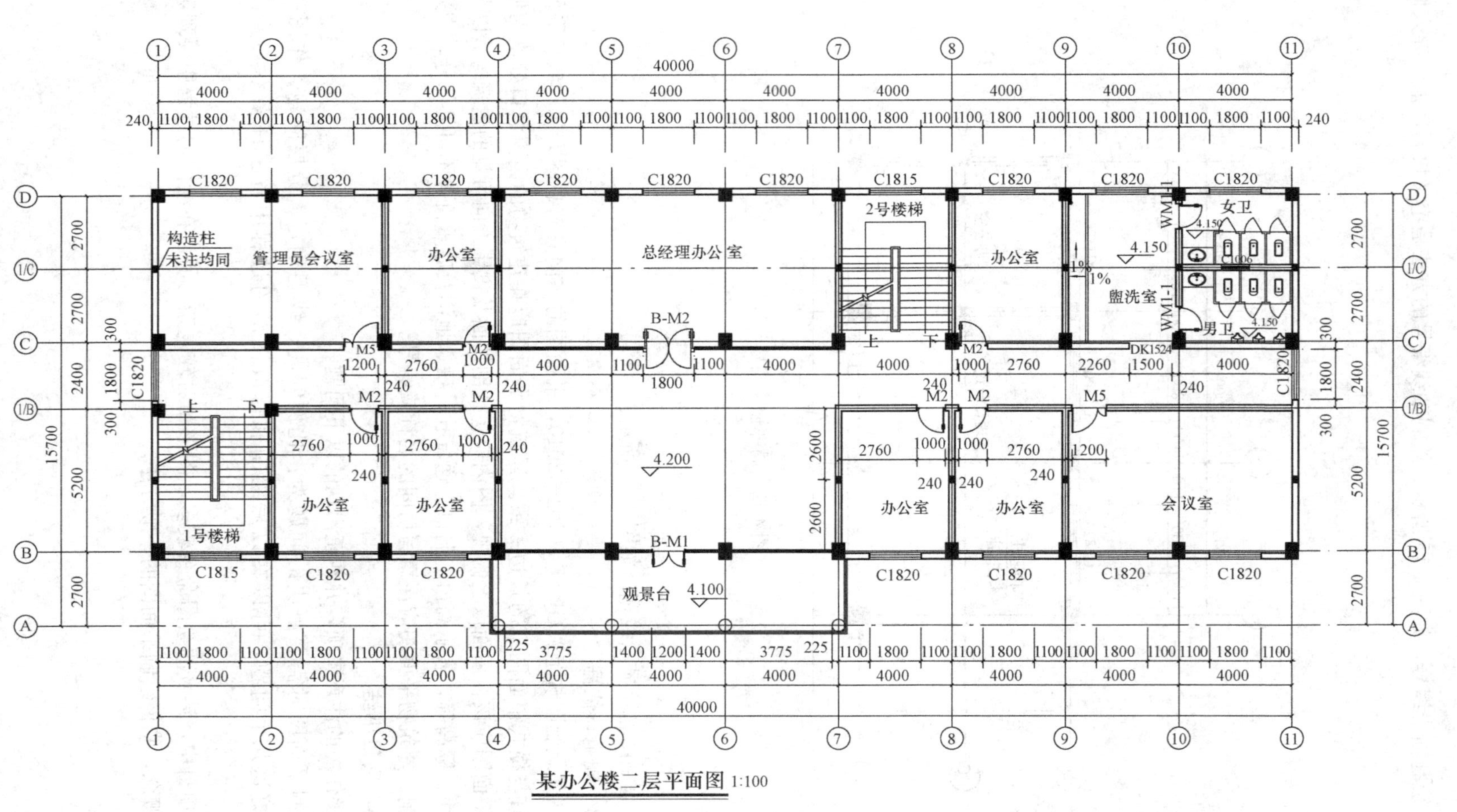

图 4-16 绘制图名及显示线宽

4.2.5 项目任务评价表

项目名称：绘制平面图的方法　　学号：＿＿＿＿＿　　姓名：＿＿＿＿＿

<table>
<tr><td rowspan="3">评价项目</td><td rowspan="3">评价标准</td><td rowspan="3">评价依据</td><td colspan="3">评价方式</td><td rowspan="3">权重</td><td rowspan="3">得分小计</td><td rowspan="3">总分</td></tr>
<tr><td>自评</td><td>互评</td><td>教师评价</td></tr>
<tr><td>20(分)</td><td>20(分)</td><td>60(分)</td></tr>
<tr><td>职业素质</td><td>1. 按时完成项目；
2. 完成项目时遵守纪律；
3. 积极主动、勤学好问；
4. 组织协调能力（用于分组教学）</td><td>学习表现</td><td></td><td></td><td></td><td>0.2</td><td></td><td rowspan="3"></td></tr>
<tr><td>专业能力</td><td>1. 完成项目成果的可用性；
2. 完成项目成果的美观性</td><td>1. 作业完成情况；
2. 实训项目完成情况记录</td><td></td><td></td><td></td><td>0.7</td><td></td></tr>
<tr><td>安全及环保意识</td><td>1. 按要求使用计算机；
2. 按要求正确开、关计算机；
3. 实训结束按要求将凳子摆放整齐；
4. 爱护机房环境卫生</td><td>操作表现</td><td></td><td></td><td></td><td>0.1</td><td></td></tr>
<tr><td>教师综合评价</td><td colspan="8">指导老师签名：　　　　日期：</td></tr>
</table>

注：将各项目考核得分按照各项目课时所占本门课程的比重折算到学生综合考核评价表中，可得出该生在整门课程的考核成绩。

4.3 绘制平面图的实例

4.3.1 目的与要求

通过上机操作，绘制建筑平面图，如图 4-17 所示；掌握绘制平面图的方法，并能独立绘制平面图。

4.3.2 上机操作步骤与要点

1. 项目实施的步骤

(1) 分析图形

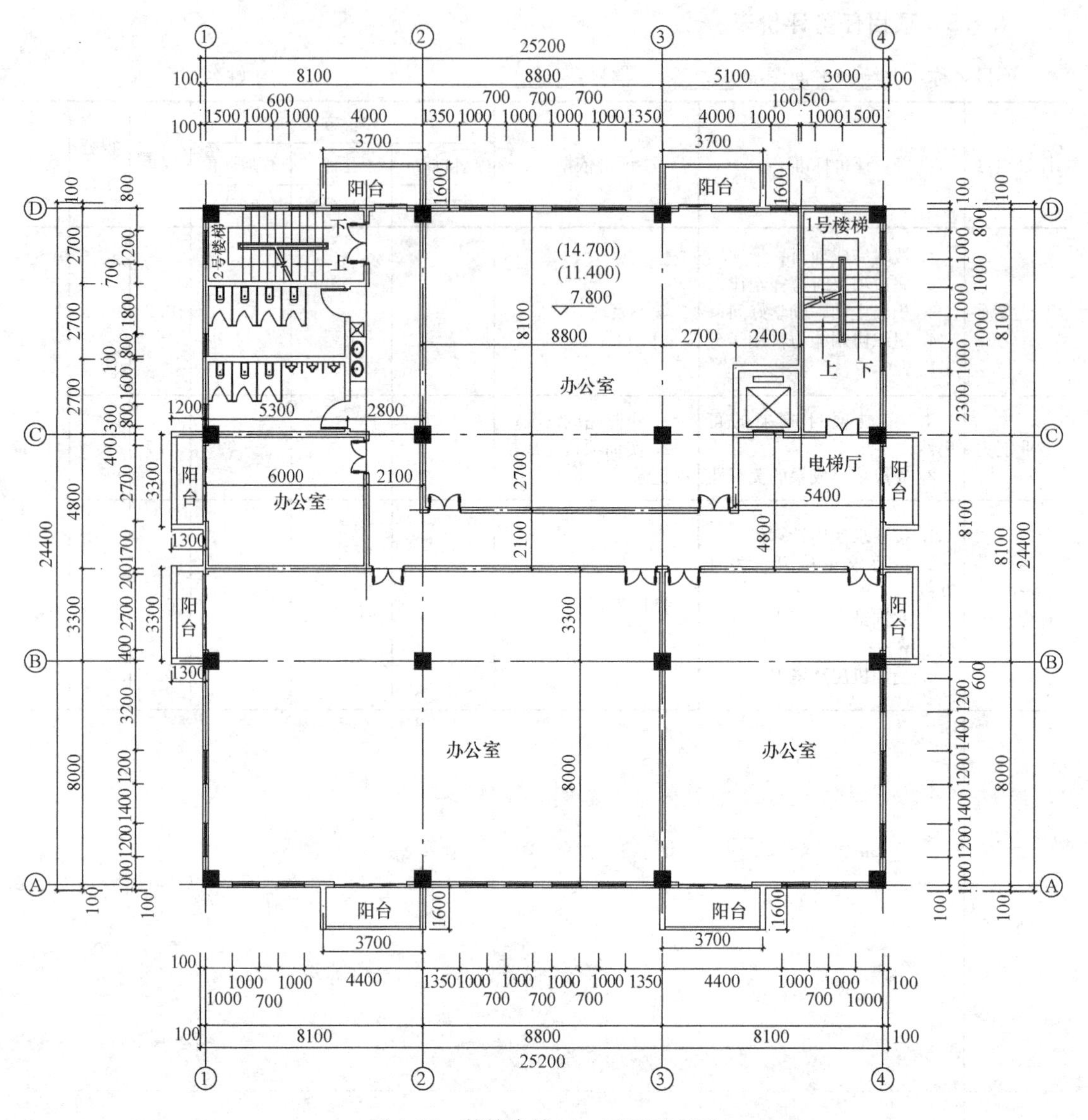

图 4-17　某综合楼三～五层平面图

绘制平面图时，重点把握比例问题、线型的确定、分层问题、作图顺序等。

（2）绘图环境设置

设置合适的图形界限、图层、线型。

（3）图形绘制

按项目实施的要点绘制图形。

（4）复核绘制好的图形

2. 项目实施的要点

（1）图层的设置。

（2）设置文字样式。

（3）绘制轴线，如图 4-18 所示。

（4）绘制墙体，如图 4-19 所示。设置多线样式，准备画 200mm 厚的墙体。

图 4-18　绘制轴线

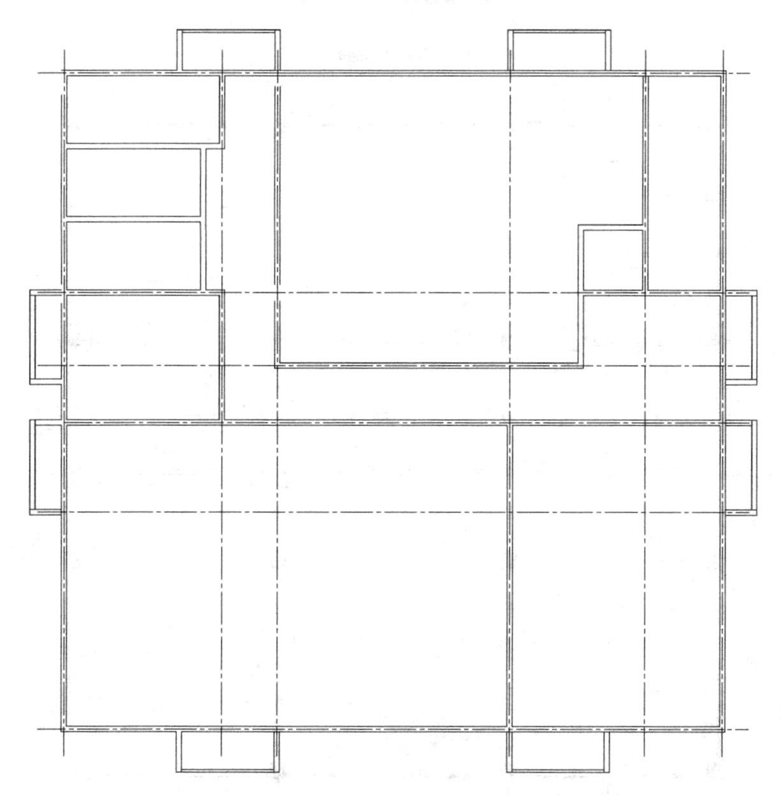

图 4-19　绘制墙体

(5) 绘制柱子，如图 4-20 所示。用“矩形”命令绘制出柱子，使用“图案填充”命令将柱子填充实体黑色，用“复制”和“创建块”命令绘制所有柱子。

(6) 绘制门窗，如图 4-21 所示。

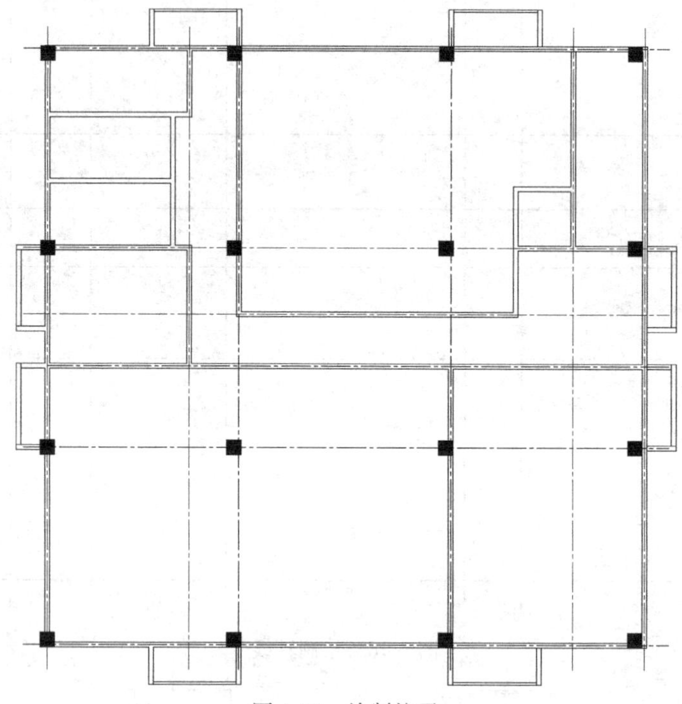

图 4-20 绘制柱子

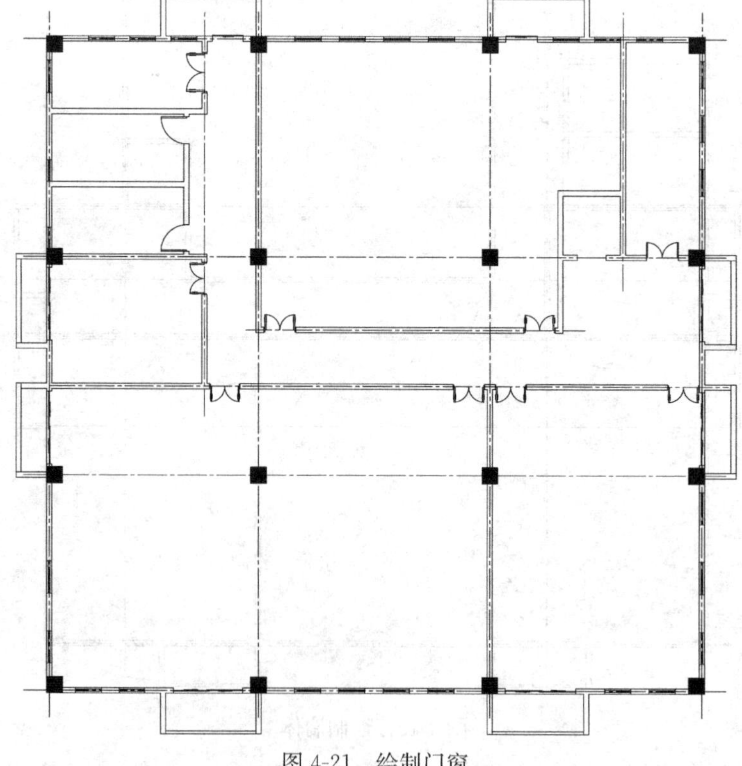

图 4-21 绘制门窗

(7) 绘制楼梯，如图 4-22～图 4-24 所示。

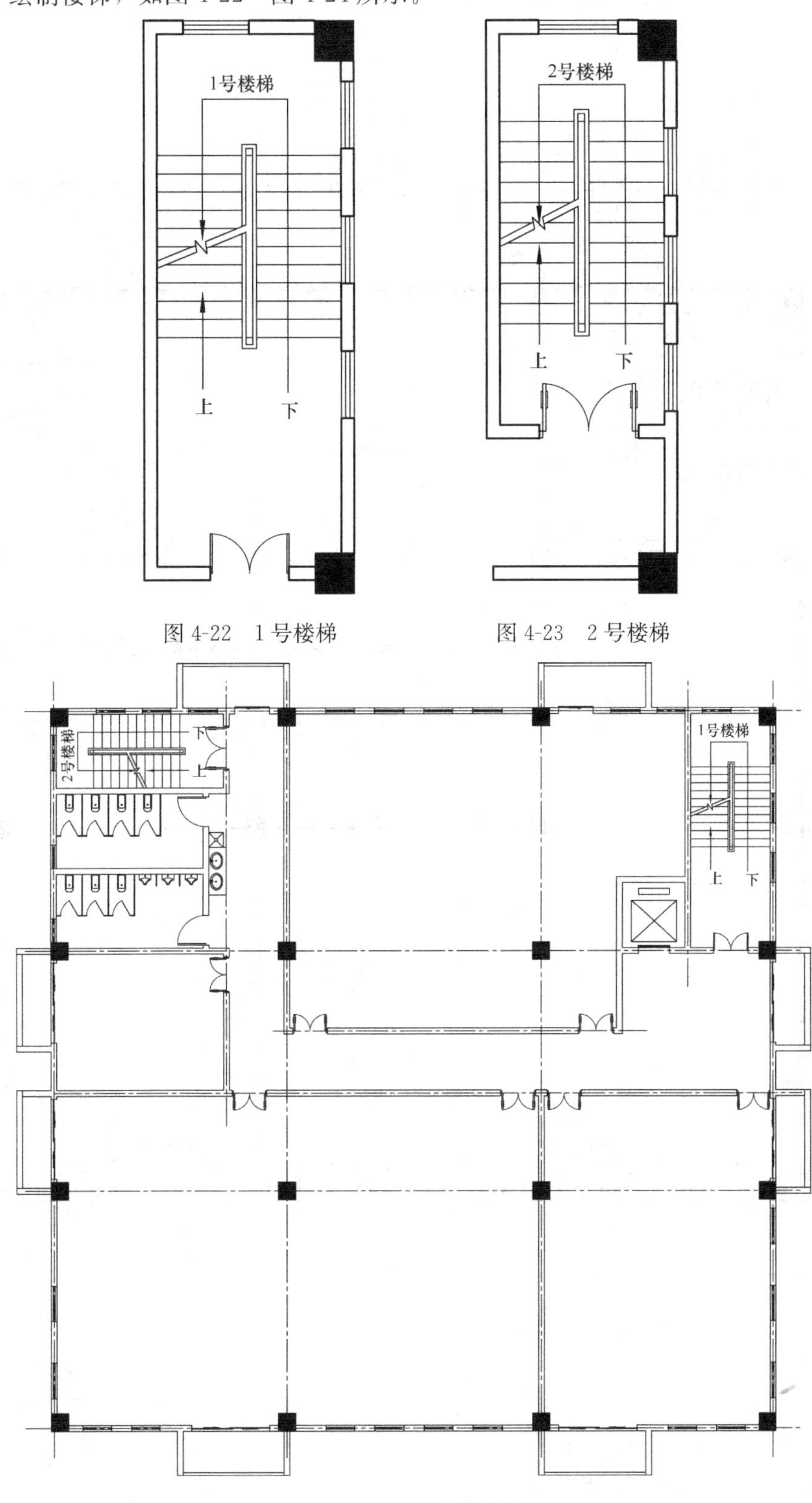

图 4-22　1 号楼梯

图 4-23　2 号楼梯

图 4-24　绘制楼梯

（8）尺寸标注和文字标注，如图 4-25～图 4-27 所示。

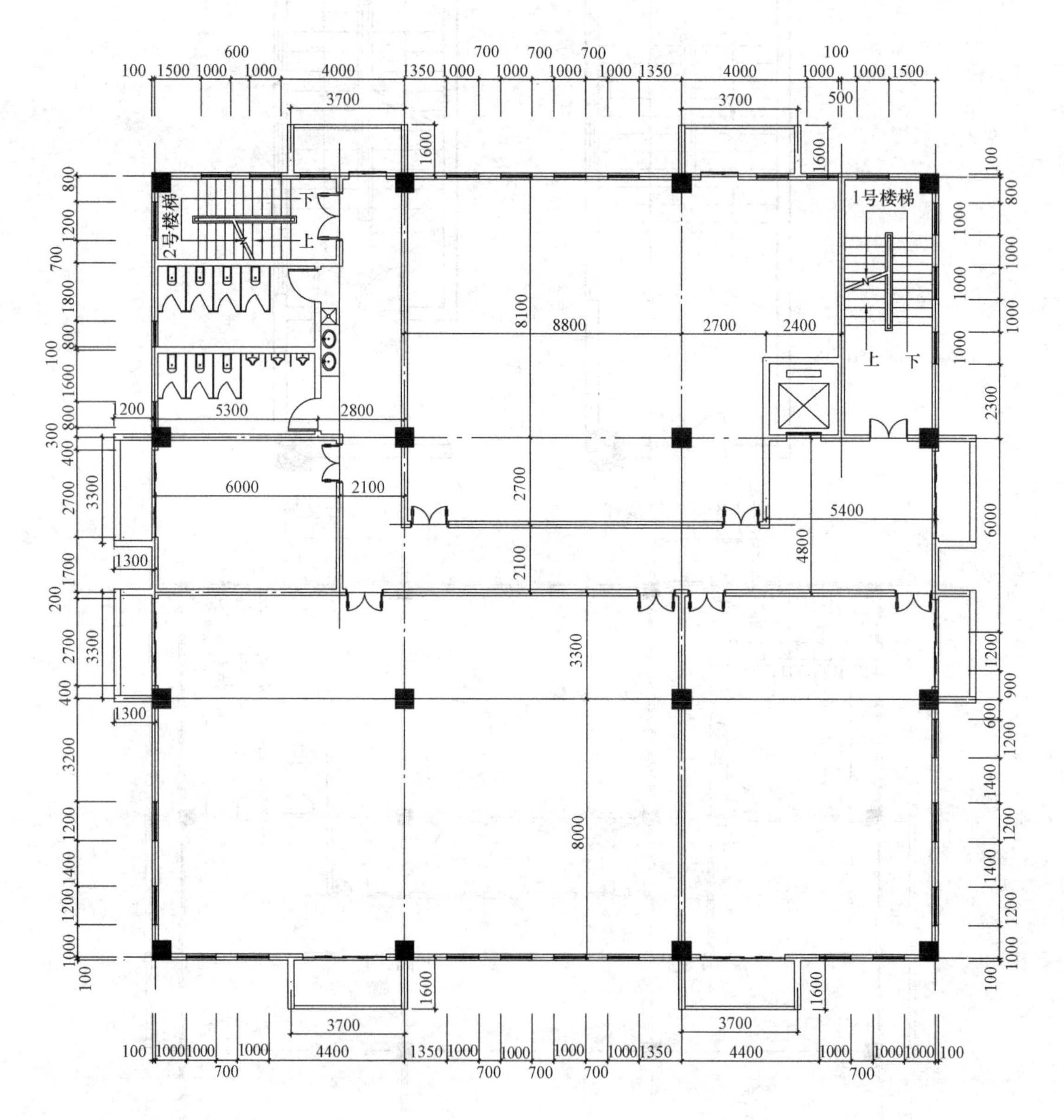

图 4-25　细部尺寸标注

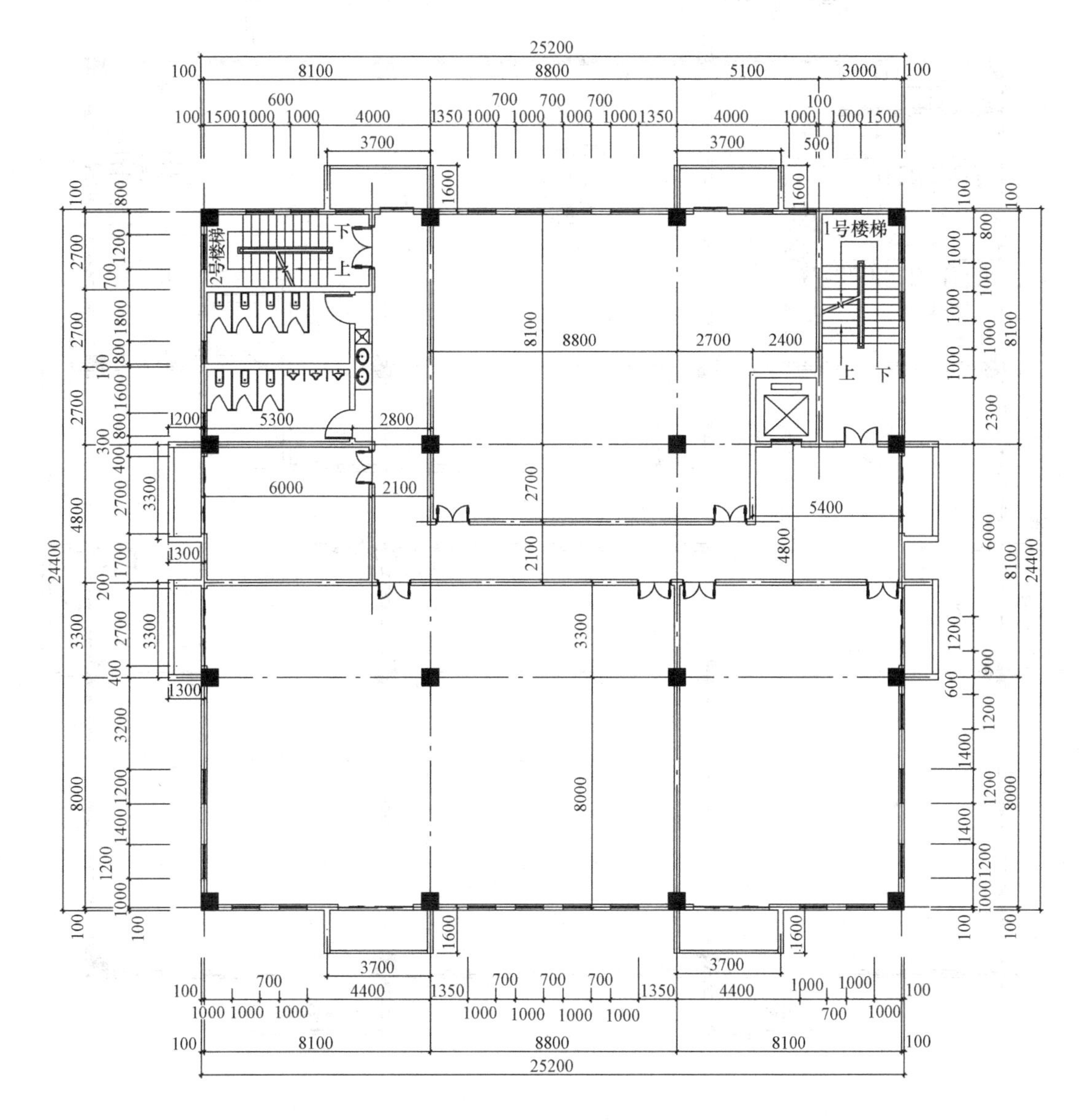

图 4-26 整体尺寸标注

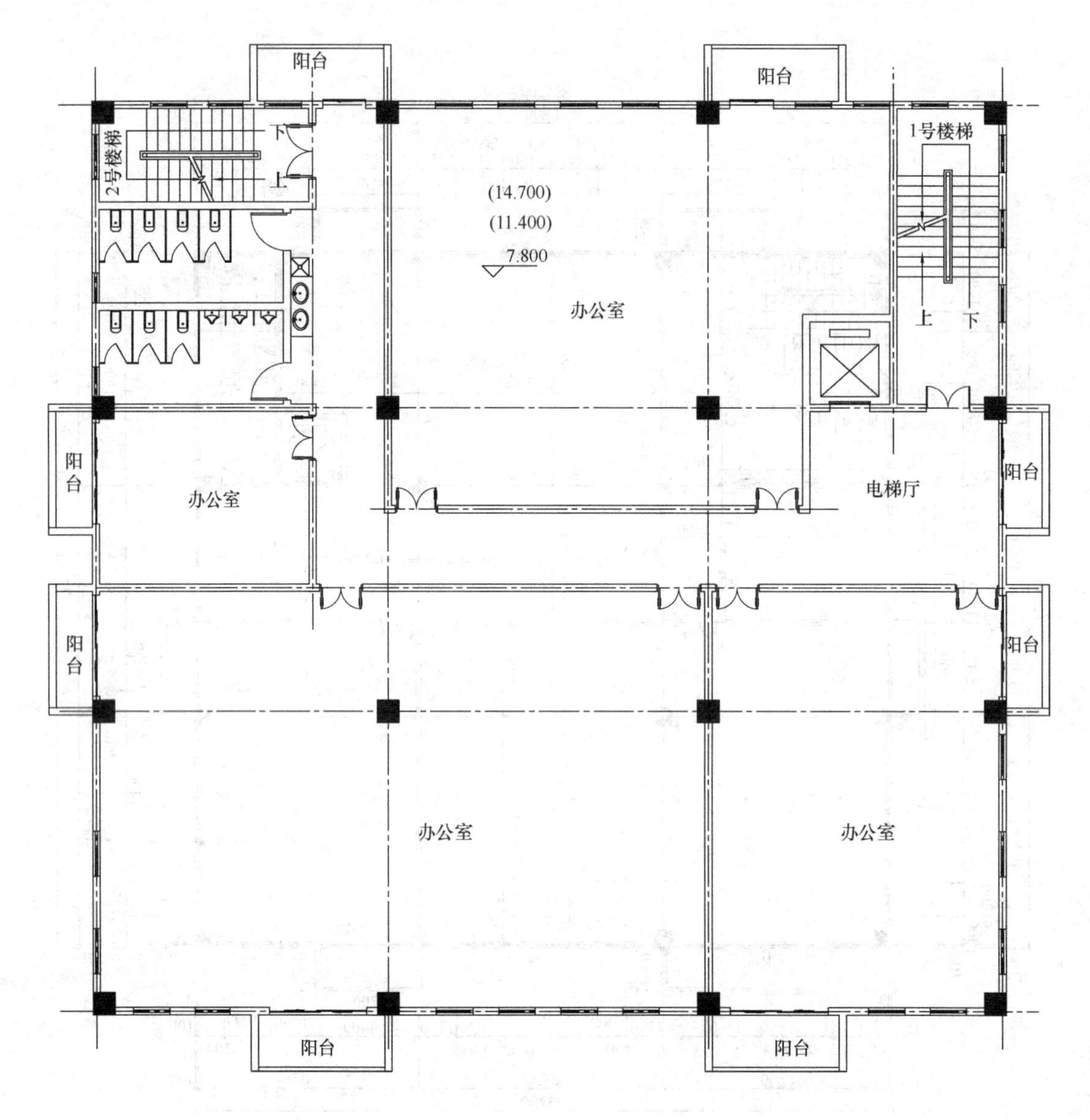

图 4-27　文字标注

（9）绘制轴号、图名，并显示线宽，如图 4-28 所示。

4.3.3　规范与依据

根据《建筑制图规范》GB/T 50104—2010，平面图的方向宜与总图方向一致。平面图的长边宜与横式幅面图纸的长边一致。建筑物平面图应在建筑物的门窗洞口处剖切俯视，屋顶平面图应该在屋面以上俯视，图内应包括剖切面及投影方向可见的建筑构造以及必要的尺寸、标高等，表示高窗、洞口、通气孔、槽、地沟及起重机等不可见部分，应采用虚线绘制。建筑物平面图应注明房间的名称或编号。

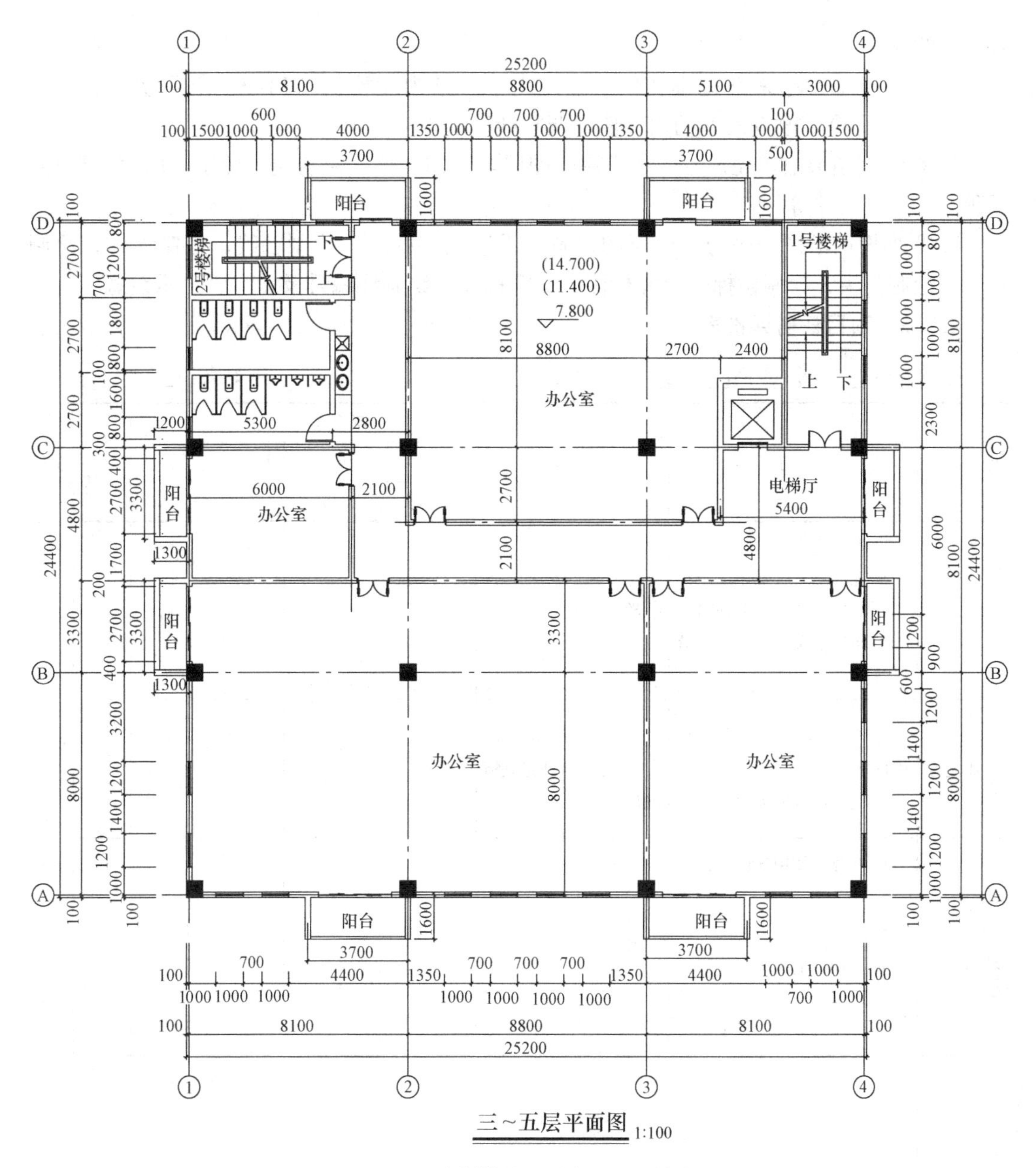

图 4-28　绘制轴号、图名及显示线宽

4.3.4　项目小结

指出操作中的注意事项，并纠正出现的问题。

1. 由于出图比例不同，在画图时容易将尺寸换算错误，因此 CAD 绘图中常直接采用 1∶1 的比例来绘制图样，然后根据出图比例套用大小不同的图框。因此，同一个图形可以用于不同比例的图纸。

2. 建筑图纸中用不同宽度的线条来表达不同的内容，也会用不同类型的线条来表达不同的内容，如果比例不同，会出现线型无法辨认的情况。因此，绘图时可利用图层设置将线条定义为不同的线宽、不同的颜色、不同的类型，或者使用“多段线”命令直接定义各线条的宽度，再画出固定宽度的线。

3. 所有线型看起来都是细实线，这是由于线条内置比例与出图比例不协调。使用“线型比例”命令，改变线型的比例值，调整到显示正常为止。

4. 在绘制图形前，先设置一些常用的图层，例如：轴线、墙线、柱子、门窗、楼梯、屋顶、文字、尺寸等。

5. 平面图的绘图顺序为：图层的设置、设置文字样式、绘制轴线、绘制墙体、绘制柱子、绘制门窗、绘制楼梯、尺寸标注、文字标注、绘制线编号及图名、显示线宽。

4.3.5 项目任务评价表

项目名称：绘制平面图的实例　　学号：＿＿＿＿　　姓名：＿＿＿＿

<table>
<tr><td rowspan="3">评价项目</td><td rowspan="3">评价标准</td><td rowspan="3">评价依据</td><td colspan="3">评价方式</td><td rowspan="3">权重</td><td rowspan="3">得分小计</td><td rowspan="3">总分</td></tr>
<tr><td>自评</td><td>互评</td><td>教师评价</td></tr>
<tr><td>20(分)</td><td>20(分)</td><td>60(分)</td></tr>
<tr><td>职业素质</td><td>1. 按时完成项目；
2. 完成项目时遵守纪律；
3. 积极主动、勤学好问；
4. 组织协调能力（用于分组教学）</td><td>学习表现</td><td></td><td></td><td></td><td>0.2</td><td></td><td rowspan="3"></td></tr>
<tr><td>专业能力</td><td>1. 完成项目成果的可用性；
2. 完成项目成果的美观性</td><td>1. 作业完成情况；
2. 实训项目完成情况记录</td><td></td><td></td><td></td><td>0.7</td><td></td></tr>
<tr><td>安全及环保意识</td><td>1. 按要求使用计算机；
2. 按要求正确开、关计算机；
3. 实训结束按要求将凳子摆放整齐；
4. 爱护机房环境卫生</td><td>操作表现</td><td></td><td></td><td></td><td>0.1</td><td></td></tr>
<tr><td>教师综合评价</td><td colspan="8">

指导老师签名：　　　　　　日期：</td></tr>
</table>

注：将各项目考核得分按照各项目课时所占本门课程的比重折算到学生综合考核评价表中，可得出该生在整门课程的考核成绩。

模块5 立 面 图 的 绘 制

5.1 绘制建筑立面图的方法

5.1.1 目的与要求

通过上机操作，绘制建筑立面图，如图5-1所示；掌握建筑立面图的设计过程和绘制方法，并能够熟练运用绘图命令完成相应的操作。

5.1.2 上机操作步骤与要点

1. 项目实施的步骤

(1) 分析图形

建筑立面图的内容主要包括：图名、比例及此立面图所反映的建筑物朝向；建筑物立面的外轮廓线形状、大小；建筑立面图定位轴线的编号；建筑物立面造型；外墙上建筑构配件，如门窗、阳台、雨水管等的位置和尺寸；外墙面的装饰；立面标高；详图索引符号等。

(2) 绘图环境设置

根据图形大小，设置合适的图形界限、图形单位以及相应的图层。

(3) 图形绘制

按项目实施的要点绘制图形。

(4) 复核绘制好的图形

2. 项目实施的要点

(1) 设置绘图环境

①设置图形单位和绘图边界。

②设置图层。打开“图层特性管理器”对话框，在该对话框中单击“新建图层”按钮，为隔墙创建一个图层，然后在列表区的动态文本框中输入“隔墙”，最后单击“确定”按钮完成“隔墙”图层的设置。采用同样的方法，依次创建“窗”、“门”、“阳台”、“图框”、“轮廓线、地坪线”等图层。

(2) 绘制定位轴线，如图5-2所示。绘制的过程中会用到“缩放”、“正交”、“直线”、“偏移”等命令，绘图时设置当前图层为“轴线”图层，利用“直线”命令绘制水平和竖直基准线，利用“复制”或者“偏移”命令以竖直线为基线将竖直线按照一定的距离复制(偏移)，水平基准线的画法跟竖直基准线相同。

(3) 绘制轮廓线和地坪线，如图5-3所示。将“轮廓线、地坪线”层设为当前图层，将当前图层的线型设置为Continuous，线宽0.3mm。同时打开状态栏中的“对象捕捉”辅助工具，选择“端点、交点和垂足”对象捕捉方式。采用“直线”命令绘制主外墙轮廓线。其余轮廓线也采用相同的方法进行绘制。地坪线可以采用多段线的绘图方法进行绘制。

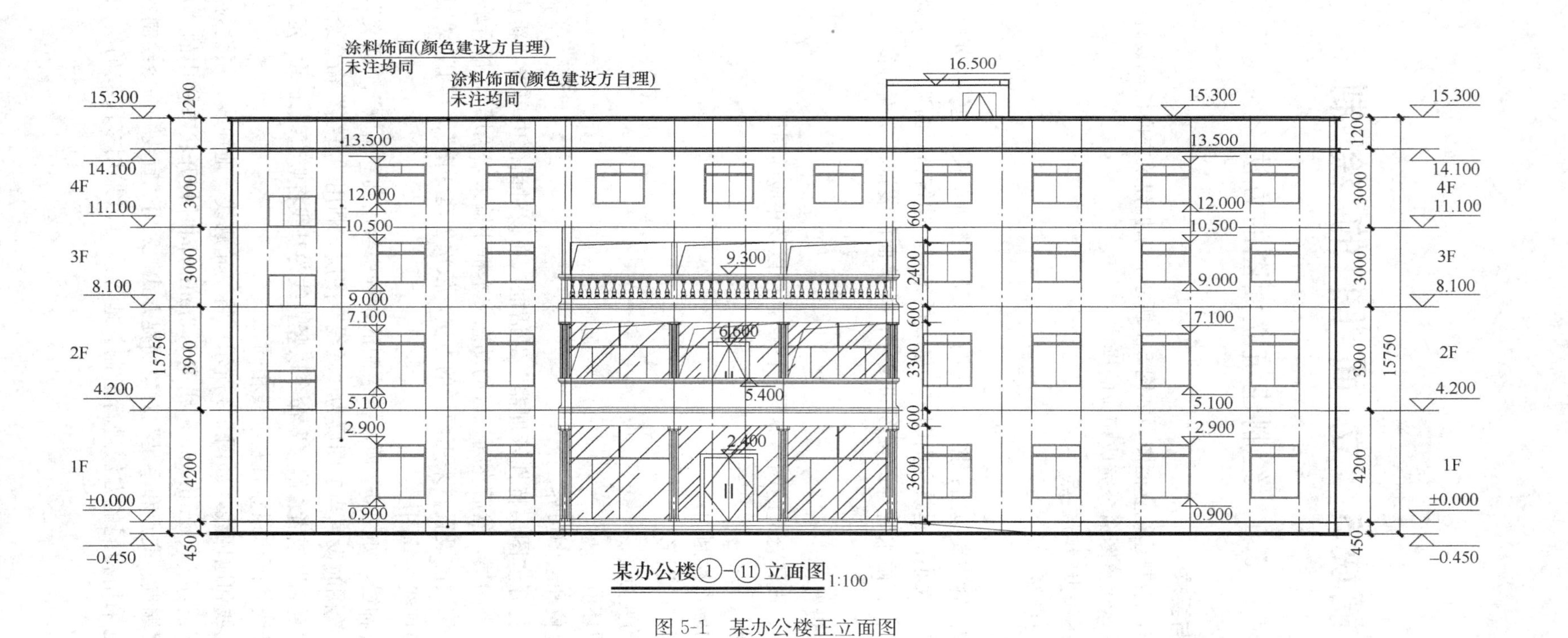

图 5-1　某办公楼正立面图

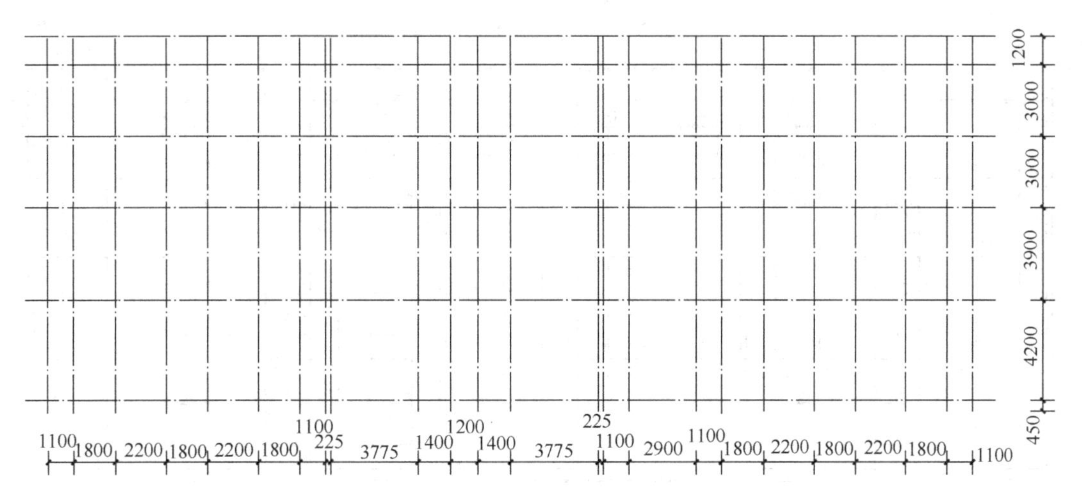

图 5-2 绘制定位轴线

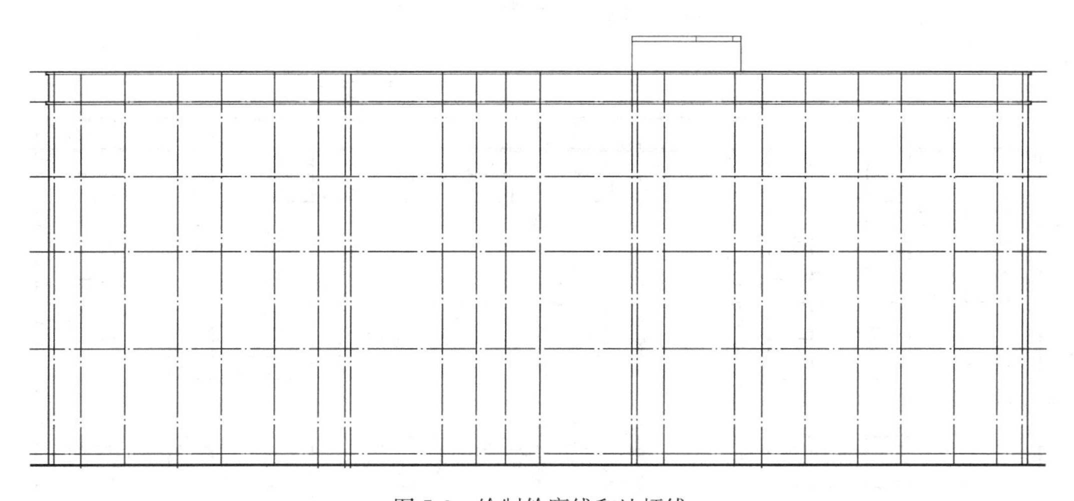

图 5-3 绘制轮廓线和地坪线

（4）绘制窗户，如图 5-4 所示。在绘制窗户之前，应观察该立面图上共有多少种窗户。绘制时当前图层设为“窗”层，将图层的线型设置为 Continuous，线宽为默认。同时打开状态栏中的“对象捕捉”辅助工具，选择“端点、中点”对象捕捉方式。绘制窗户的辅助线，首先选择“直线”命令绘制窗的外轮廓，然后用到“矩形”命令绘制窗户的玻璃轮廓线，矩形角点选择合适的辅助线交点，接着采用“偏移”命令绘制内轮廓线，采用“对象捕捉”功能捕捉内轮廓线上下两边的中点，绘制窗户的中线。最后删除所有的窗户辅助线，选择“修改｜修剪”命令对偏移的内轮廓线进行修剪。当窗绘制完后可将其保存成图块，在需要的位置直接插入进去就可以了。

（5）绘制门，如图 5-5 所示。与绘制窗户相类似，在绘制门之前，应观察该立面图上共有多少种门。绘制时将当前图层设为“门”层，将图层的线型设置为 Continuous，线宽为默认。绘制门洞的轮廓线，选择“绘图｜矩形”命令绘制此轮廓线。绘制完成一扇门，采用“镜像”命令绘制另外一扇门。利用“复制”命令将绘制的门复制到合适的位置。

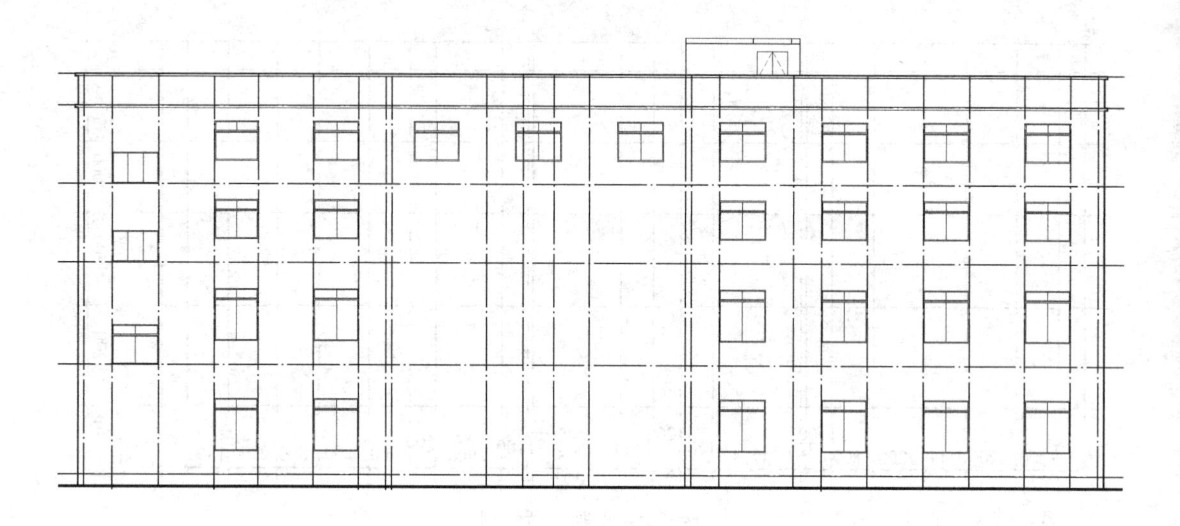

图 5-4　绘制窗户

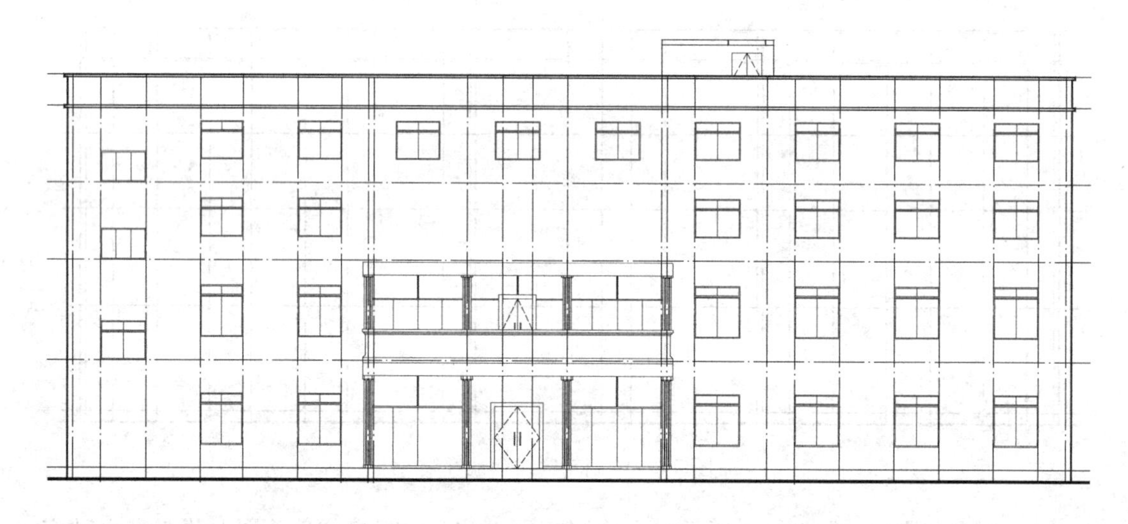

图 5-5　绘制门

(6) 绘制阳台，如图 5-6 所示。按照阳台尺寸先绘制出阳台，再利用“复制”命令把阳台复制到合适的位置。在绘制阳台时将用到“矩形”、“直线”等命令。

(7) 绘制台阶、雨水管等细部构造。

(8) 屋面装饰，如图 5-7 所示。绘图时将当前图层设为“装饰”层，将图层的线型设置为 Continuous，线宽为默认。填充装饰材料，选择“绘图｜图案填充”命令或者单击“绘制”工具栏中的“图案填充”按钮，对需要装饰的墙面进行装饰。

(9) 添加尺寸标注，如图 5-8 所示。立面图标注主要是为了标注建筑物的竖向标高，显示出各主要构件的位置和标高，例如室外地坪标高、女儿墙的标高、门窗洞的标高以及一些局部尺寸等。在需绘制详图之处，还需添加详图符号。在建筑立面图中，还需要标注出轴线符号，与建筑平面图相对应，从而表明立面图所在的范围。

(10) 添加文字标注，如图 5-9 所示。建筑立面图应标注出图名和比例，还应该标注

图 5-6　绘制阳台

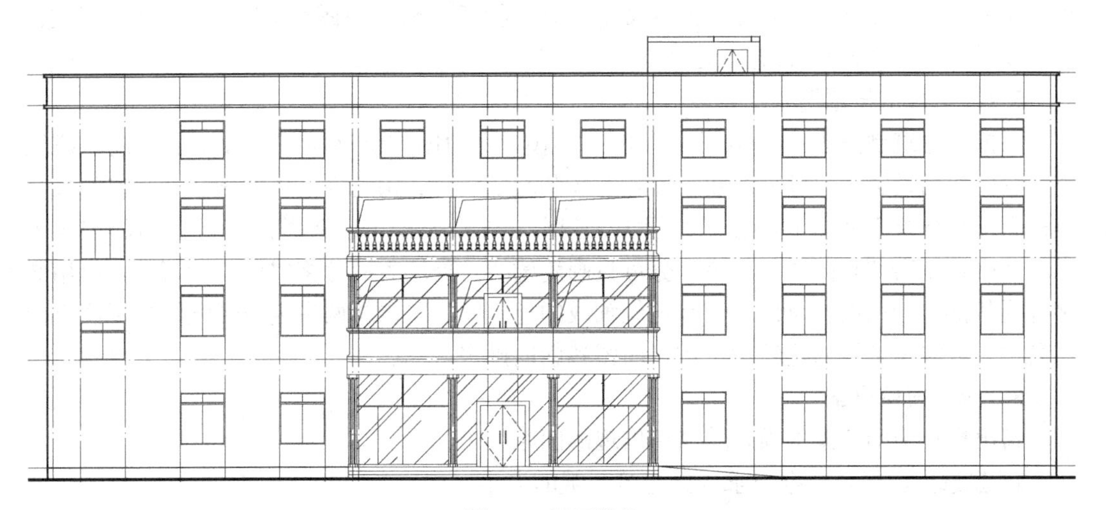

图 5-7　屋面装饰

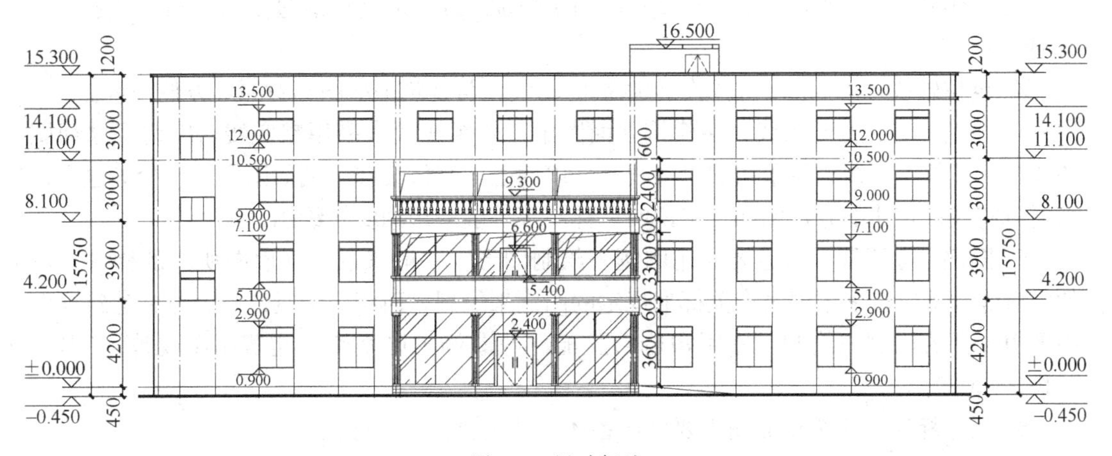

图 5-8　尺寸标注

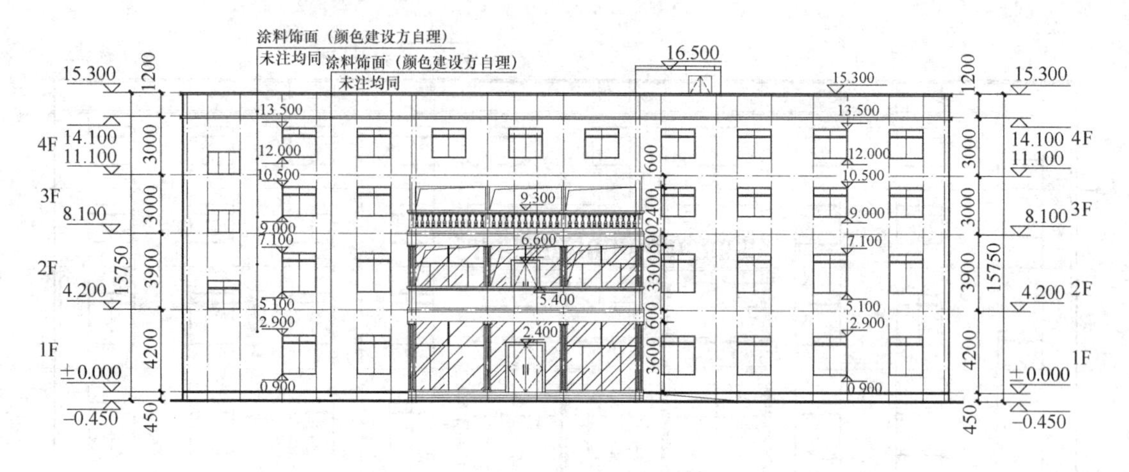

图 5-9 添加文字标注

出材质做法、详图索引等其他必要的文字注释。标注时将当前图层设为“文字标注”层，然后设置“标注样式”，再输入标注文字。

5.1.3 规范与依据

根据《建筑制图规范》GB/T 50104—2010，立面图的绘制应按正投影法绘制。建筑立面图应包括投影方向可见的建筑外轮廓线和墙面线脚、构配件、墙面做法及必要的尺寸和标高。在建筑立面图上，相同的门窗、阳台、外檐装修、构造做法等可在局部重点表示，并应绘制出完整图形，其余部分可只画轮廓线。外墙表面分格线应表示清楚，应用文字说明各部位所用面材及色彩。有定位轴线的建筑物，宜根据两端定位轴线编号标注立面图名称。无定位轴线的建筑物可按平面图各朝向确定名称。

5.1.4 项目小结

指出操作中的注意事项，并纠正出现的问题。

1. 先选定图幅，根据要求选择建筑图纸的大小。

2. 比例。绘图时可以根据建筑物大小，采用不同的比例。绘制立面图常用的比例有 1∶50、1∶100、1∶200，一般采用 1∶100 的比例。当建筑过小或过大时，可以选择 1∶50 或 1∶200。

3. 定位轴线。立面图一般只绘制两端的轴线，与建筑平面图相对照，方便阅读。

4. 线型。首先是轮廓线，在建筑立面图中，轮廓线通常采用粗实线，以增强立面图的效果；室外地坪线一般采用加粗实线；外墙面上的起伏细部，例如阳台、台阶等也可以采用粗实线；其他部分，例如文字说明、标高等一般采用细实线绘制。

5. 图例。立面图一般也要采用图例来绘制图形。一般来说，立面图所有的构件（例如门窗等）都应该采用国家有关标准规定的图例来绘制，而相应的具体构造将在建筑详图中采用较大的比例来绘制。常用构造以及配件的图例可以查阅《建筑制图规范》GB/T 50104—2010。

6. 尺寸标注。建筑立面图主要标注各楼层及主要构件的标高。

7. 详图索引符号。一般建筑立面图的细部做法，均需要绘制详图，凡是需要绘制详图的地方都要标注详图符号。

5.1.5 项目任务评价表

项目名称：<u>绘制建筑立面图的方法</u> 学号：__________ 姓名：__________

<table>
<tr><th rowspan="3">评价项目</th><th rowspan="3">评价标准</th><th rowspan="3">评价依据</th><th colspan="3">评价方式</th><th rowspan="3">权重</th><th rowspan="3">得分小计</th><th rowspan="3">总分</th></tr>
<tr><th>自评</th><th>互评</th><th>教师评价</th></tr>
<tr><th>20(分)</th><th>20(分)</th><th>60(分)</th></tr>
<tr><td>职业素质</td><td>1. 按时完成项目；
2. 完成项目时遵守纪律；
3. 积极主动、勤学好问；
4. 组织协调能力（用于分组教学）</td><td>学习表现</td><td></td><td></td><td></td><td>0.2</td><td></td><td rowspan="3"></td></tr>
<tr><td>专业能力</td><td>1. 完成项目成果的可用性；
2. 完成项目成果的美观性</td><td>1. 作业完成情况；
2. 实训项目完成情况记录</td><td></td><td></td><td></td><td>0.7</td><td></td></tr>
<tr><td>安全及环保意识</td><td>1. 按要求使用计算机；
2. 按要求正确开、关计算机；
3. 实训结束按要求将凳子摆放整齐；
4. 爱护机房环境卫生</td><td>操作表现</td><td></td><td></td><td></td><td>0.1</td><td></td></tr>
<tr><td>教师综合评价</td><td colspan="8">

指导老师签名： 日期：</td></tr>
</table>

注：将各项目考核得分按照各项目课时所占本门课程的比重折算到学生综合考核评价表中，可得出该生在整门课程的考核成绩。

5.2 绘制建筑立面图的实例

5.2.1 目的与要求

通过上机操作，绘制建筑立面图，如图 5-10 所示；掌握建筑立面图的设计过程和绘制方法，并能够熟练运用绘图命令完成相应的操作。

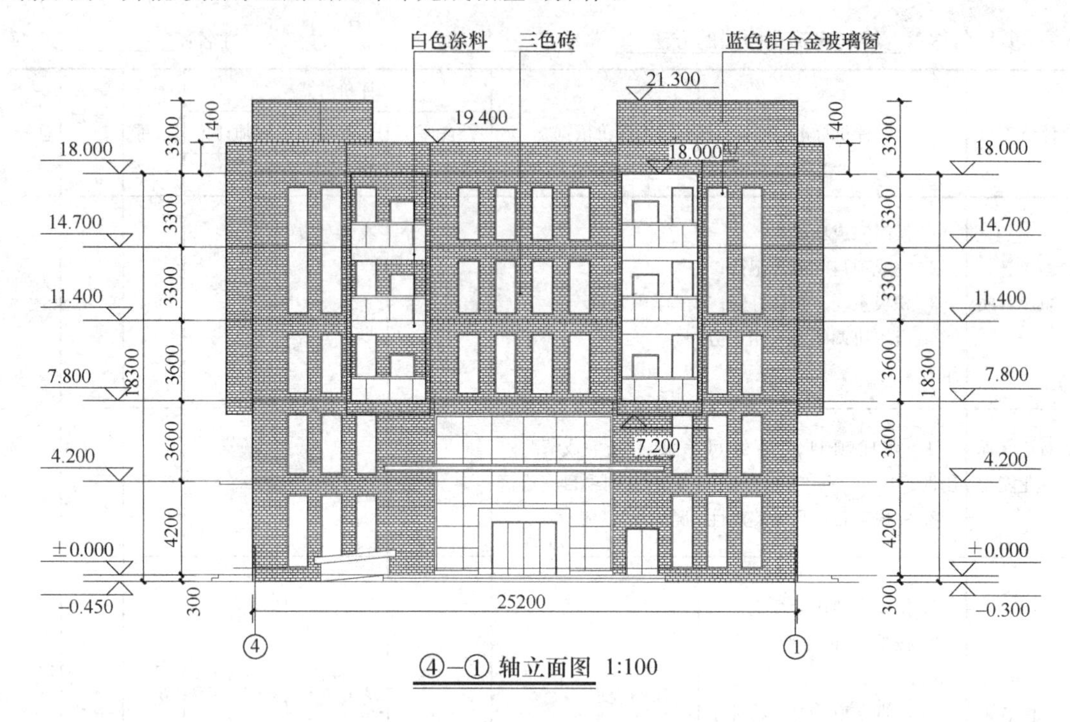

图 5-10　某综合楼④—①轴立面图

5.2.2　上机操作步骤与要点

1. 项目实施的步骤

（1）分析图形

根据绘图要求，选择图纸的大小，确定绘图比例和绘图顺序。

（2）绘图环境设置

根据图形大小，设置合适的图形界限，图形单位以及相应的图层。

（3）图形绘制

按项目实施的要点绘制图形。

（4）复核绘制好的图形

2. 项目实施的要点

（1）设置绘图环境

设置图形单位和绘图边界。

（2）绘制定位轴线，如图 5-11 所示。

（3）绘制轮廓线和地坪线，如图 5-12 所示。

（4）绘制窗户，如图 5-13 所示。

（5）绘制门，如图 5-14 所示。

（6）绘制阳台，如图 5-15 所示。

（7）绘制台阶、雨水管等细部构造，如图 5-16 所示。

（8）屋面装饰，如图 5-17 所示。

(9) 添加尺寸标注，如图 5-18 所示。
(10) 添加文字标注，如图 5-19 所示。

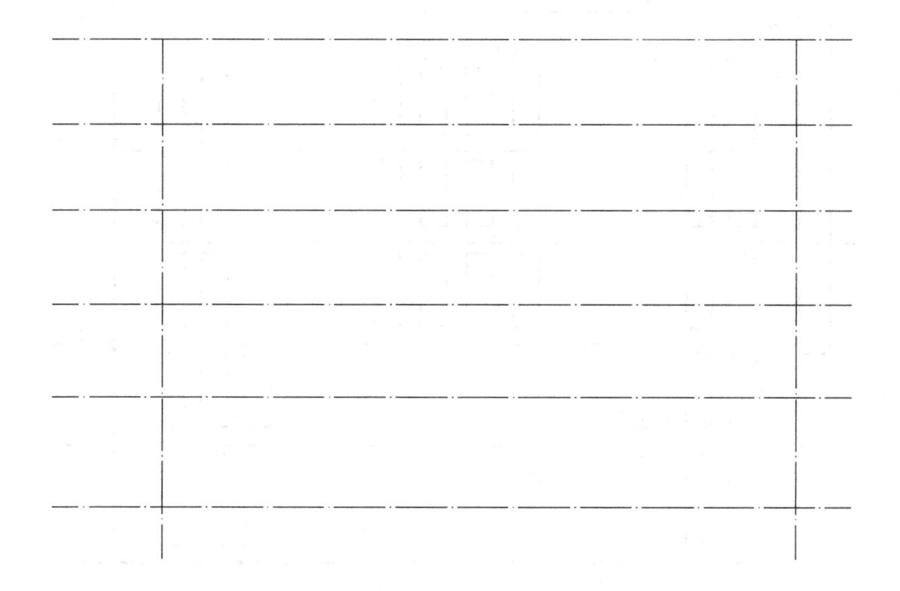

图 5-11　绘制定位轴线

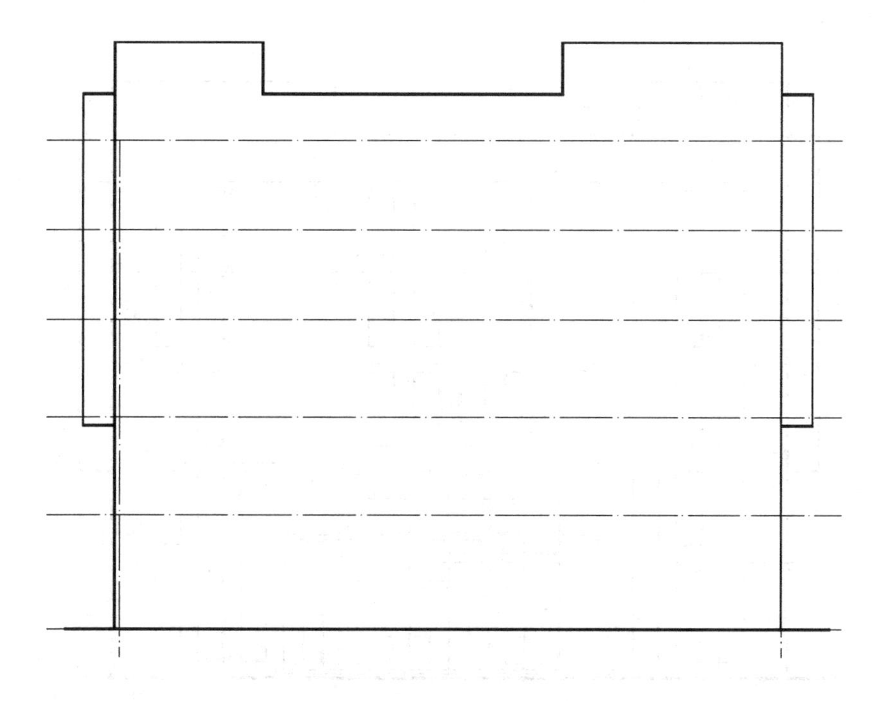

图 5-12　绘制轮廓线和地坪线

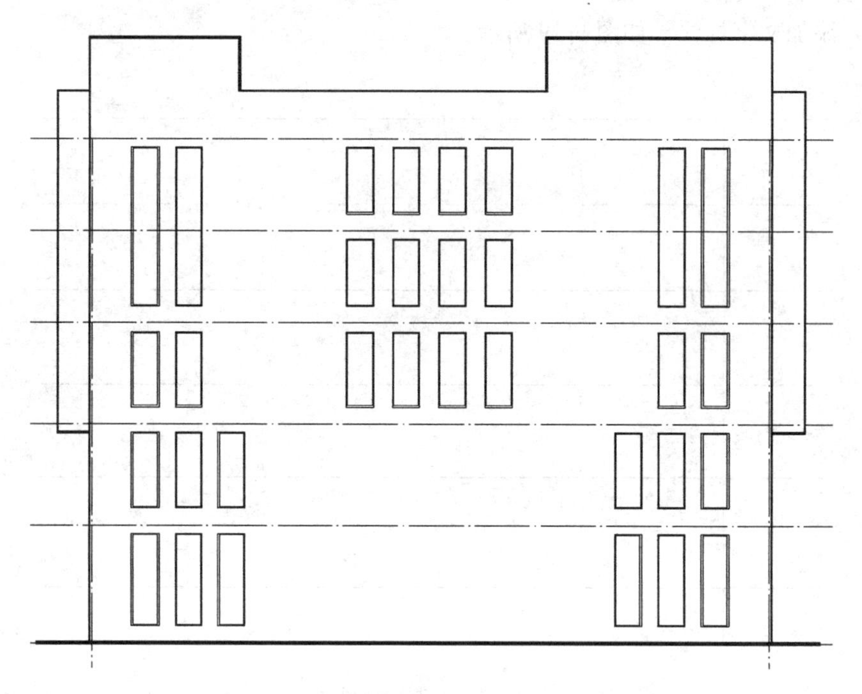

图 5-13　绘制窗户

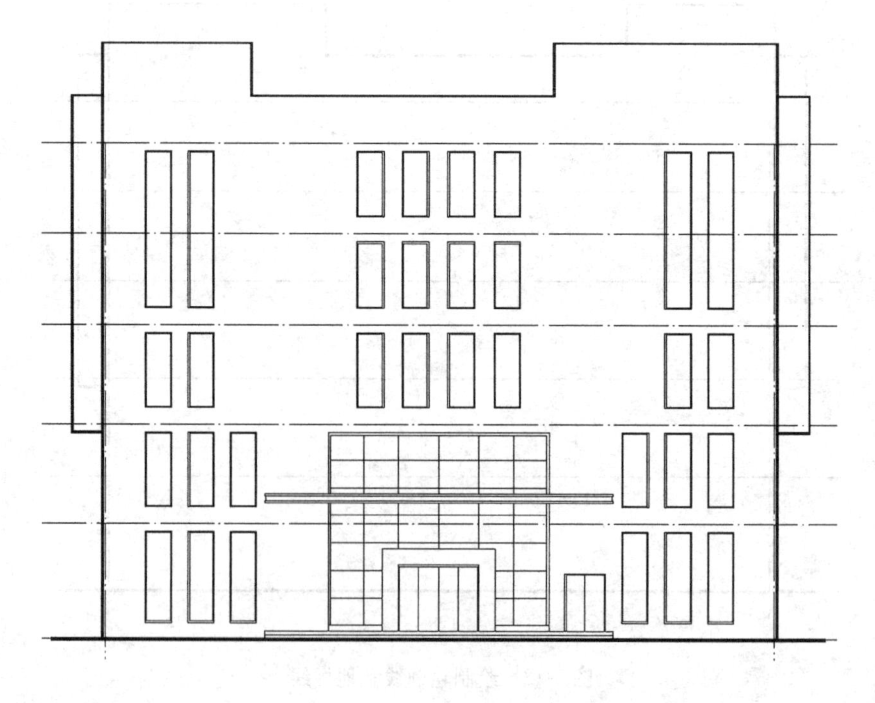

图 5-14　绘制门

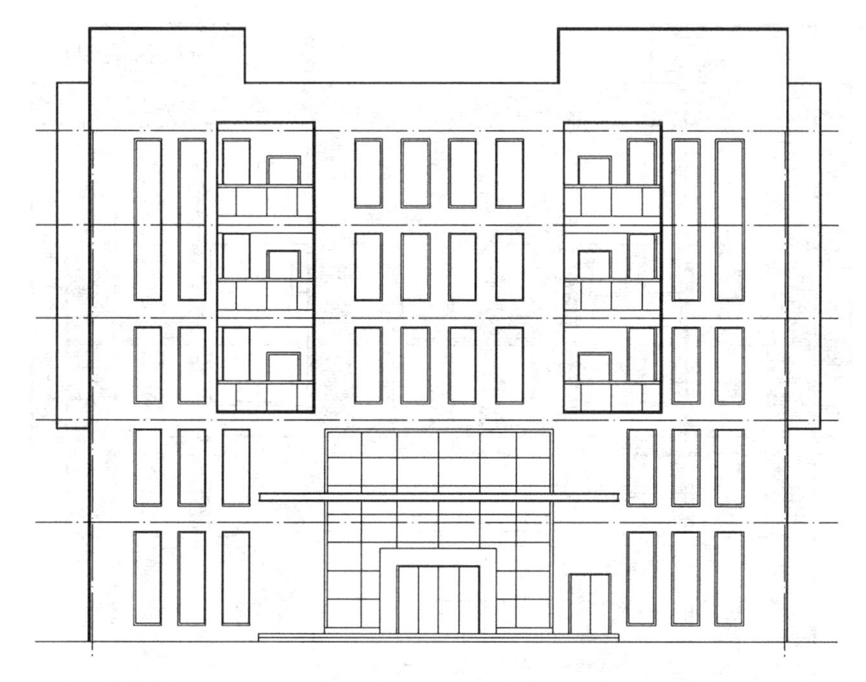

图 5-15　绘制阳台

图 5-16　绘制台阶等细部构造

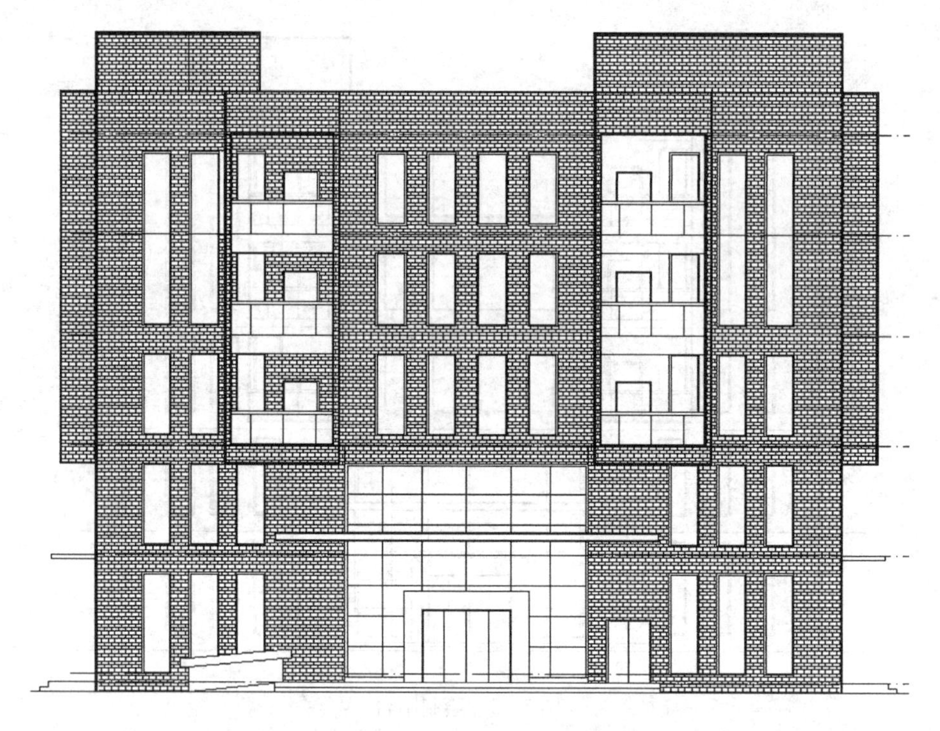

图 5-17　屋面装饰

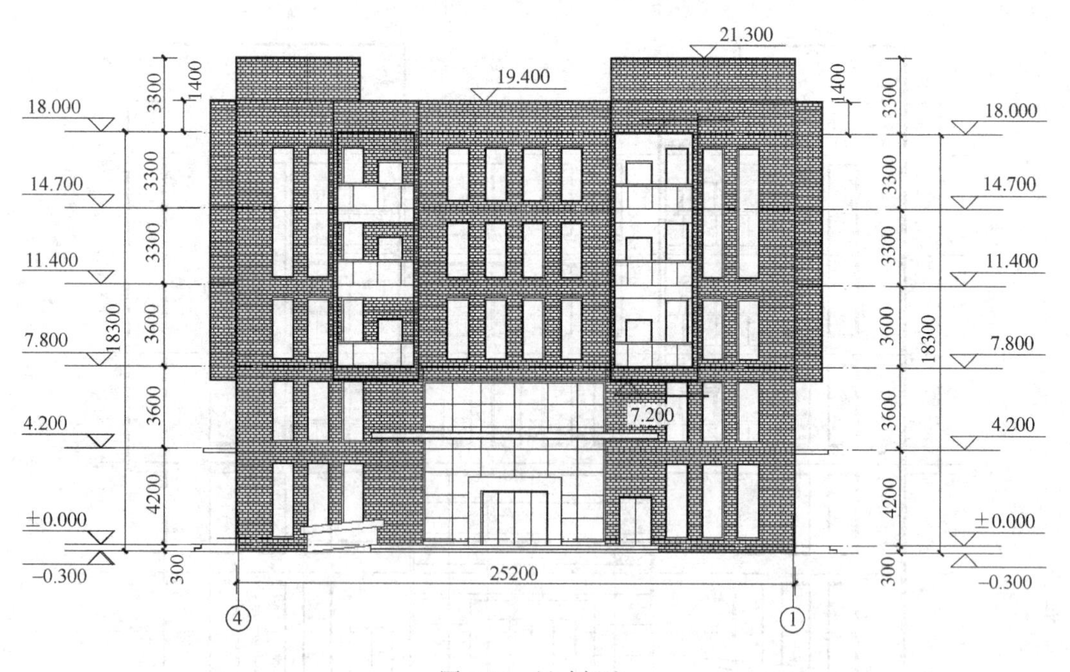

图 5-18　尺寸标注

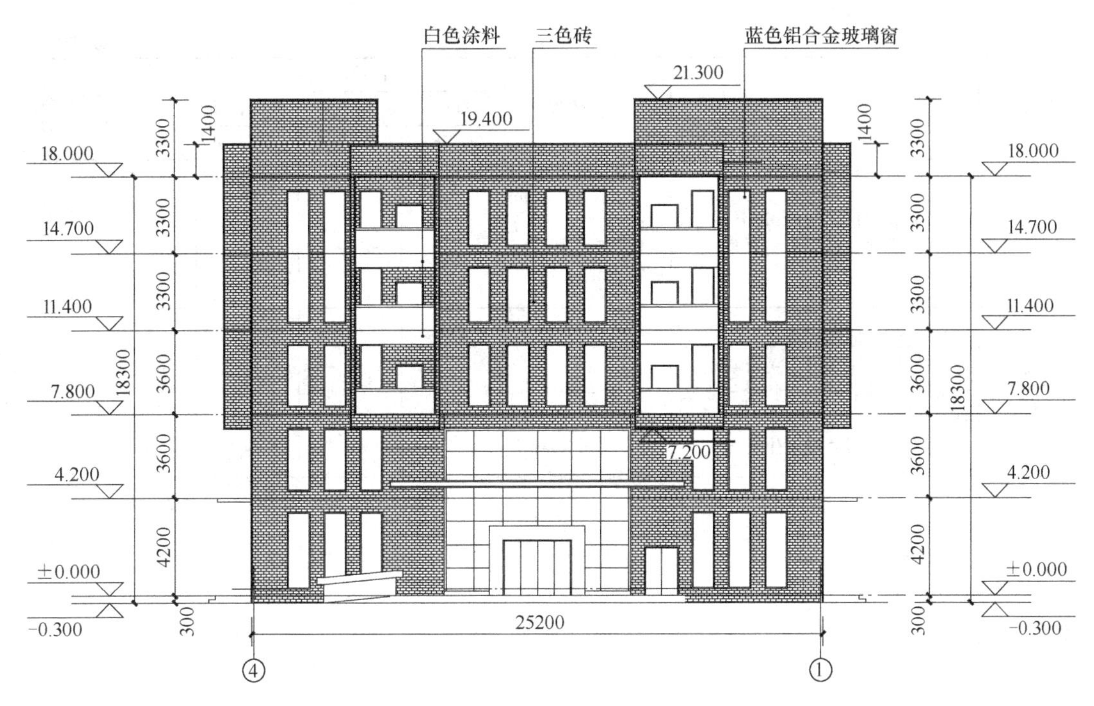

图 5-19 文字标注

5.2.3 规范与依据

根据《建筑制图规范》GB/T 50104—2010，立面图的绘制应按正投影法绘制。建筑立面图应包括投影方向可见的建筑外轮廓线和墙面线脚、构配件、墙面做法及必要的尺寸和标高。在建筑立面图上，相同的门窗、阳台、外檐装修、构造做法等可在局部重点表示，并应绘制出其完整图形，其余部分可只画轮廓线。外墙表面分格线应表示清楚，应用文字说明各部位所用面材及色彩。有定位轴线的建筑物，宜根据两端定位轴线号标注立面图名称。无定位轴线的建筑物可按平面图各朝向确定图形名称。

5.2.4 项目小结

指出操作中的注意事项，并纠正出现的问题。

1. 立面图虽然比建筑平面图简单，但容易在绘制的过程中因不清楚绘制内容而漏画部分内容。因此，绘图前应先了解立面图所包括的绘制内容。

2. 绘图时不了解建筑立面图的概念，容易将立面图的各个面混淆。因此，绘图时须掌握立面图的概念，分清正立面、背立面、侧立面等，才能绘制出正确的立面图。

5.2.5 项目任务评价表

项目名称：<u>绘制建筑立面图的实例</u> 学号：________ 姓名：________

评价项目	评价标准	评价依据	评价方式			权重	得分小计	总分
			自评	互评	教师评价			
			20(分)	20(分)	60(分)			
职业素质	1. 按时完成项目； 2. 完成项目时遵守纪律； 3. 积极主动、勤学好问； 4. 组织协调能力（用于分组教学）	学习表现				0.2		

续表

评价项目	评价标准	评价依据	评价方式			权重	得分小计	总分
			自评	互评	教师评价			
			20(分)	20(分)	60(分)			
专业能力	1. 完成项目成果的可用性； 2. 完成项目成果的美观性	1. 作业完成情况； 2. 实训项目完成情况记录				0.7		
安全及环保意识	1. 按要求使用计算机； 2. 按要求正确开、关计算机； 3. 实训结束按要求将凳子摆放整齐； 4. 爱护机房环境卫生	操作表现				0.1		
教师综合评价	指导老师签名：　　　　日期：							

注：将各项目考核得分按照各项目课时所占本门课程的比重折算到学生综合考核评价表中，可得出该生在整门课程的考核成绩。

模块 6　剖面图的绘制

6.1　绘制建筑剖面图的方法

6.1.1　目的与要求

通过上机操作，绘制建筑剖面图，如图 6-1、图 6-2 所示；掌握建筑剖面图的绘制方法，会画剖面楼梯，能标注剖面尺寸。

6.1.2　上机操作步骤与要点

1. 项目实施的步骤

(1) 分析图形

建筑剖面图的内容包括图名、比例、定位轴线、房屋竖向的结构形式和内部构造、竖向尺寸的标注、有关的图例和文字说明。绘图时要用到的绘图命令如下：

①设置图层，利用“图层”命令 LA 设置和管理图层；②使用“直线”命令 L 和“偏移”命令 O 绘制辅助定位轴线；③使用“多段线”命令 PL 和“修剪”命令 TR 绘制室内外地坪线；④使用“偏移”命令 O 和“修剪”命令 TR 绘制被剖切到的墙、楼板、梁；⑤使用“偏移”命令 O 和“修剪”命令 TR 绘制窗洞口，再用“多重复制”命令完成窗的绘制，使用“偏移”命令 O 和“修剪”命令 TR 绘制未被剖切可见的门；⑥使用“偏移”命令 O 和“修剪”命令 TR 绘制楼梯；⑦“文字说明”和“标注尺寸”。

(2) 绘图环境设置

根据图形大小，设置合适的图形界限，设置相应的图层。

(3) 图形绘制

按项目实施的要点绘制图形。

(4) 复核绘制好的图形

2. 项目实施的要点

(1) 绘制辅助定位轴线，如图 6-3 所示。设置当前层为轴线层，根据建筑平面图的剖切符号建立剖面开间轴线，根据建筑层高建立进深轴线，用“偏移”命令建立轴网，用“LTSCALE”命令改变点画线的线型比例因子。

(2) 绘制地坪线、墙体轮廓线，如图 6-4 所示。用“多段线”命令画出轮廓线和地坪线，将当前图层设置为“墙线层”，用“多段线”命令画剖面上的墙线，被剖到的墙线用粗线表示，未被剖到的墙线用细线表示。

(3) 绘制柱、梁、楼板，如图 6-5 所示。用“多段线”命令绘制楼板、梁、柱。

(4) 绘制剖面门窗，如图 6-6 所示。用“剪切”命令修剪出门窗洞口，再用“直线”命令画出门窗。

(5) 绘制剖面楼梯，如图 6-7 所示。根据平面图确定剖面楼梯的位置，按照踏步的高和宽用“多段线”命令画出楼梯的踏步和休息平台。楼梯画完后，再使用“填充”命令，

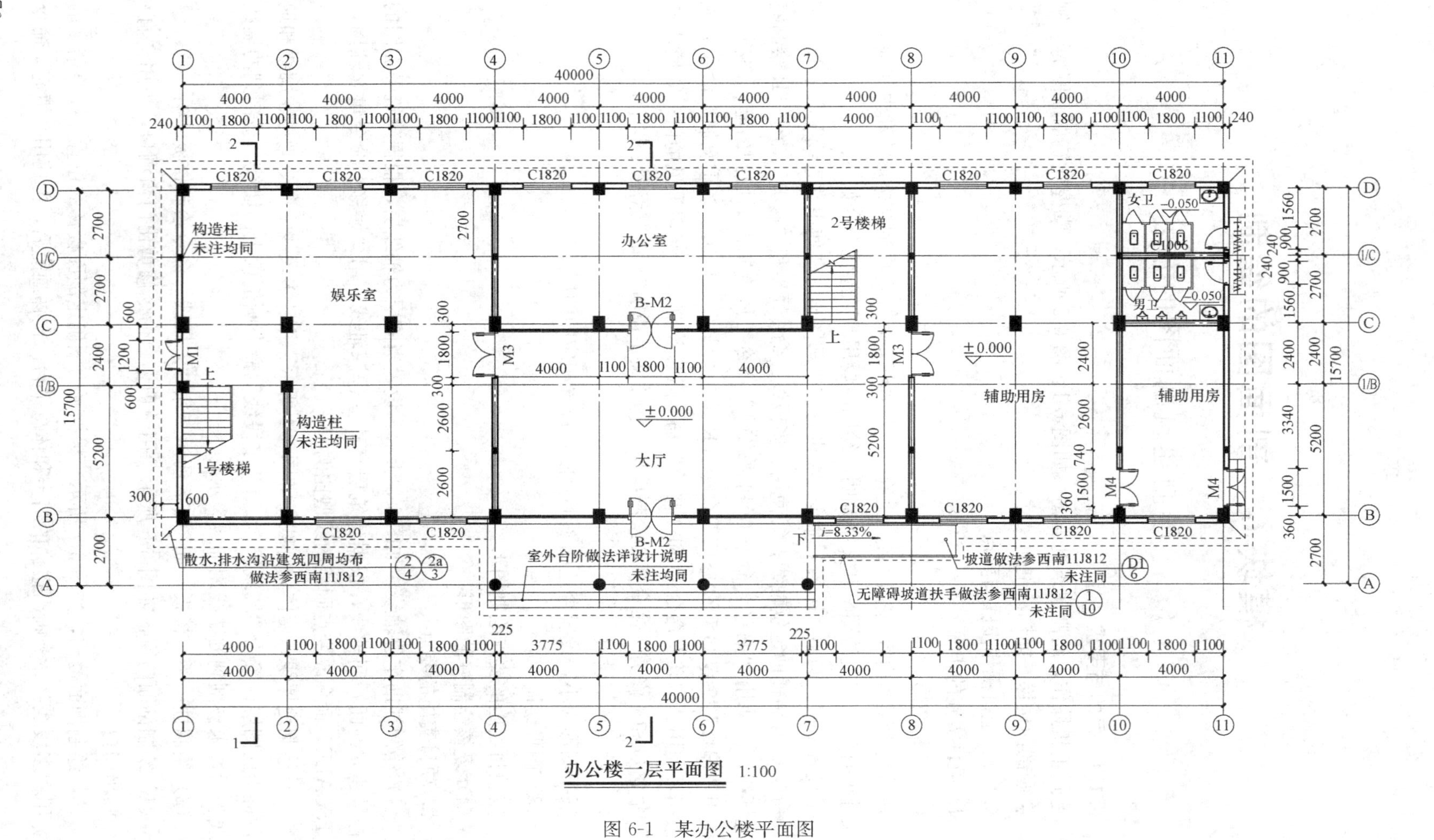

办公室
娱乐室
大厅
2号楼梯
1号楼梯
辅助用房
辅助用房
女卫
男卫
构造柱
未注均同
构造柱
未注均同
散水,排水沟沿建筑四周均布
做法参西南11J812
室外台阶做法详设计说明
未注均同
坡道做法参西南11J812
未注同
无障碍坡道扶手做法参西南11J812
未注同
i=8.33%
±0.000
-0.050
C1820
C1006
B-M2
M1
M3
M4
40000
15700
办公楼一层平面图 1:100

图 6-1 某办公楼平面图

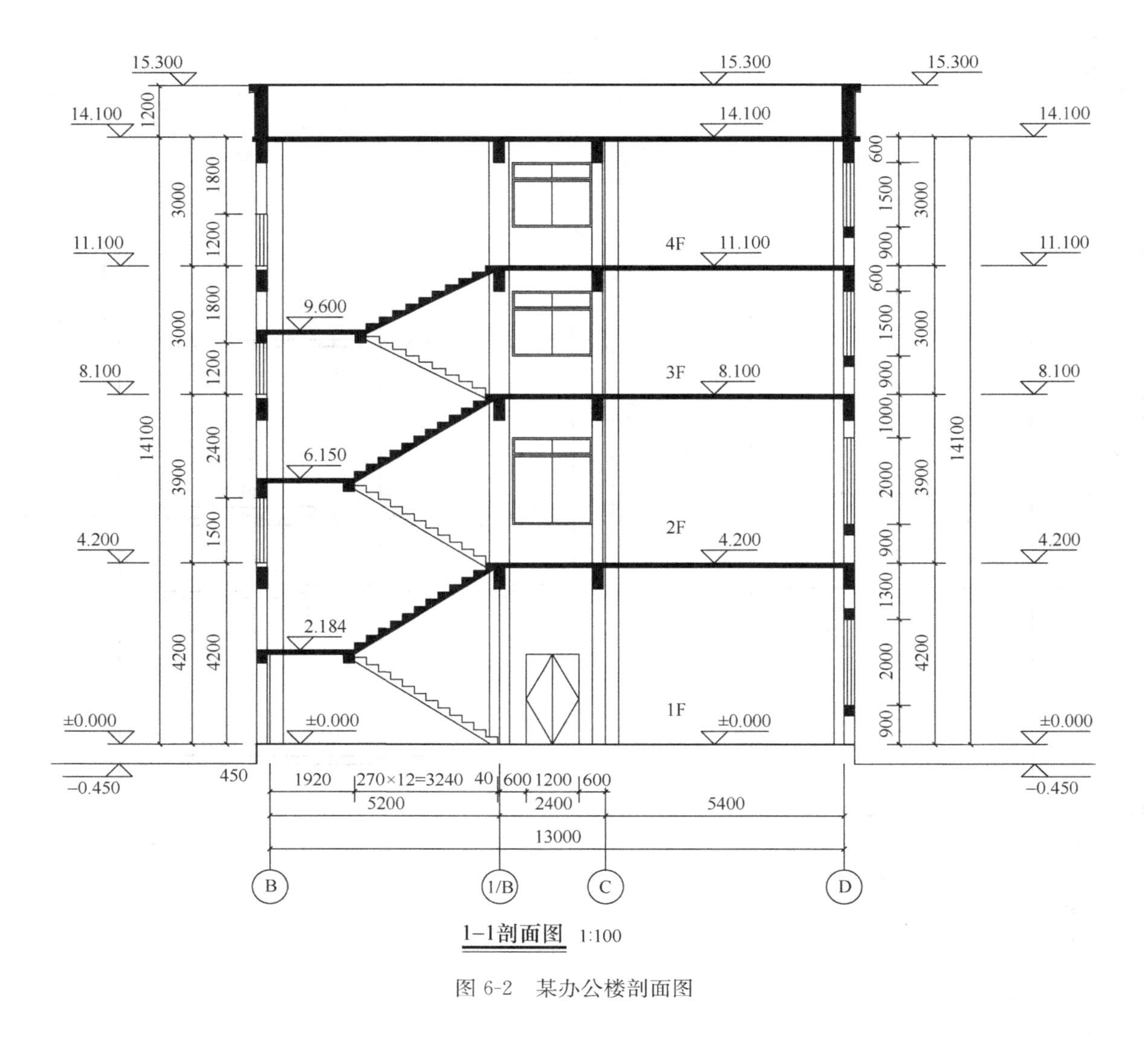

1-1剖面图 1:100

图 6-2 某办公楼剖面图

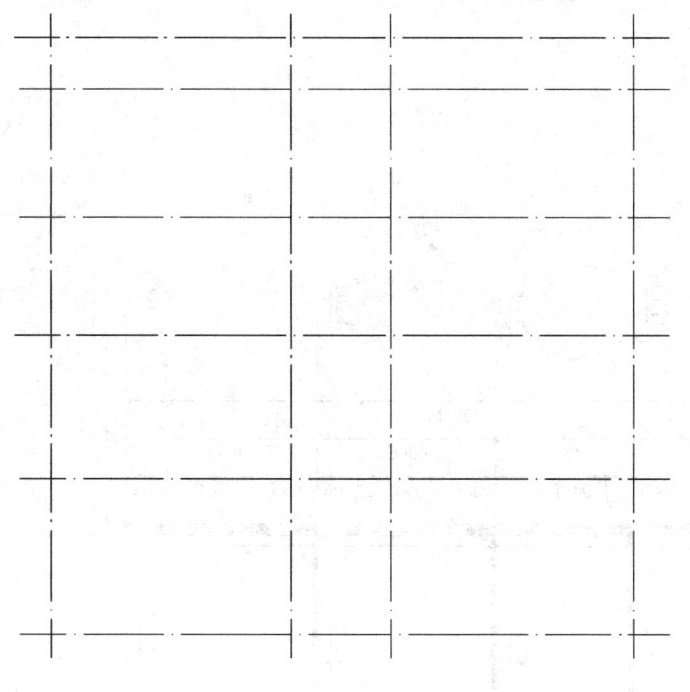

图 6-3 绘制定位轴线

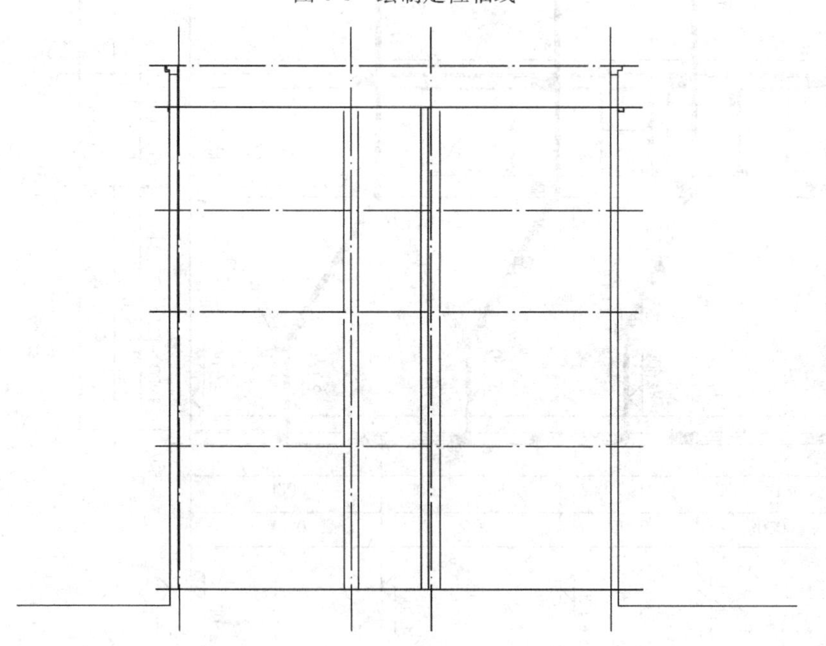

图 6-4 绘制地坪线、墙体轮廓线

将剖切到的楼梯填充成黑色。

(6) 文本标注和尺寸标注，如图 6-8 所示。用“尺寸标注”命令完成尺寸标注，用“直线”命令画出标高符号，制作成图块，然后再用“文字标注”命令来标注标高。

6.1.3 规范与依据

根据《建筑制图规范》GB/T 50104—2010 及图纸的用途或设计深度，在平面图纸上

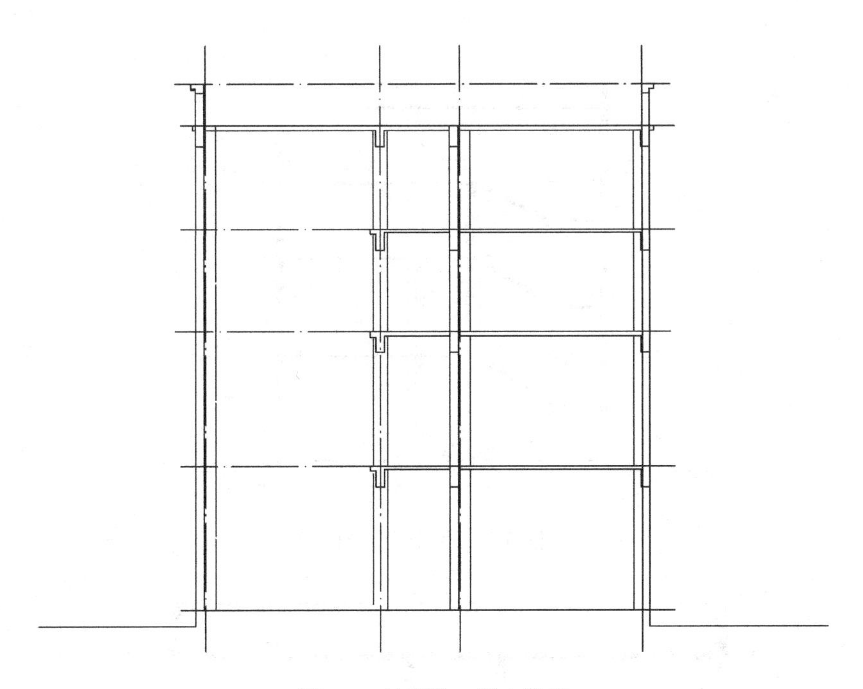

图 6-5　绘制柱、梁、楼板

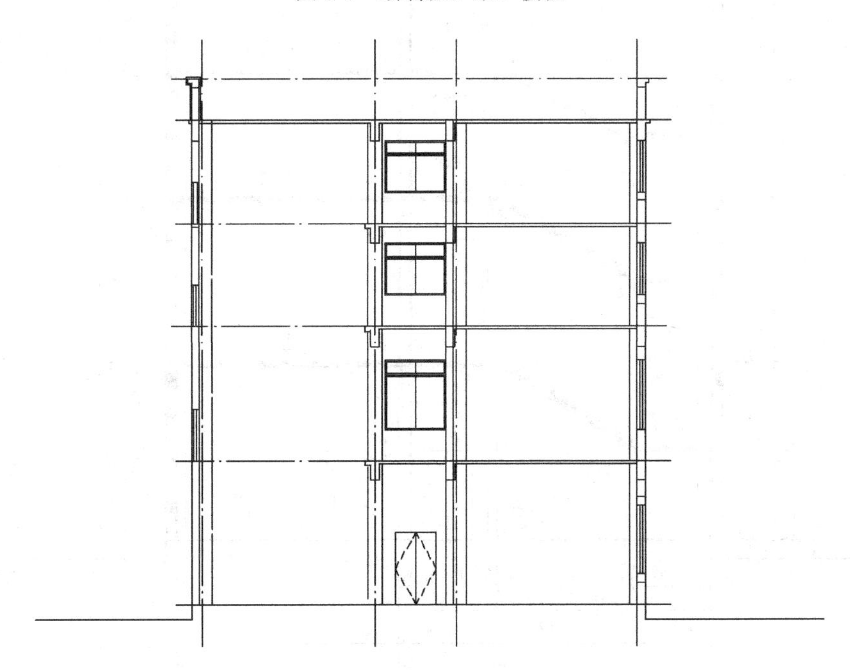

图 6-6　绘制剖面门窗

选择能反映全貌、构造特征以及有代表性的部位剖切。各种剖面图应按正投影法绘制。建筑剖面图内应包括剖切面和投影方向可见的建筑构造、配件以及必要的尺寸、标高等。剖切符号可用阿拉伯数字、罗马数字或拉丁字母等。

6.1.4　项目小结

指出操作中的注意事项，并纠正出现的问题。

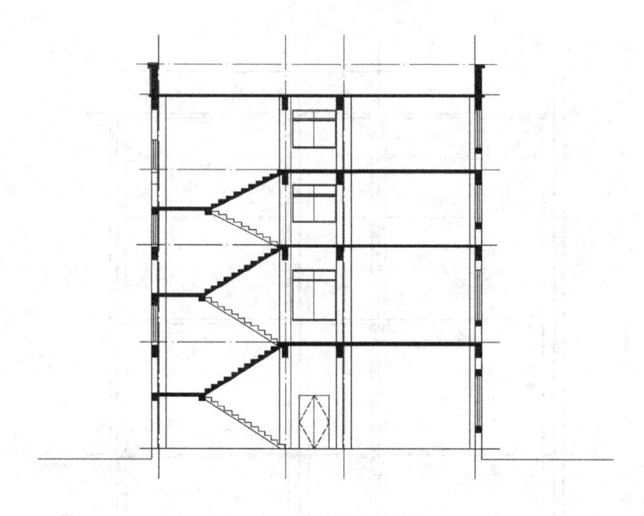

图 6-7 绘制剖面楼梯

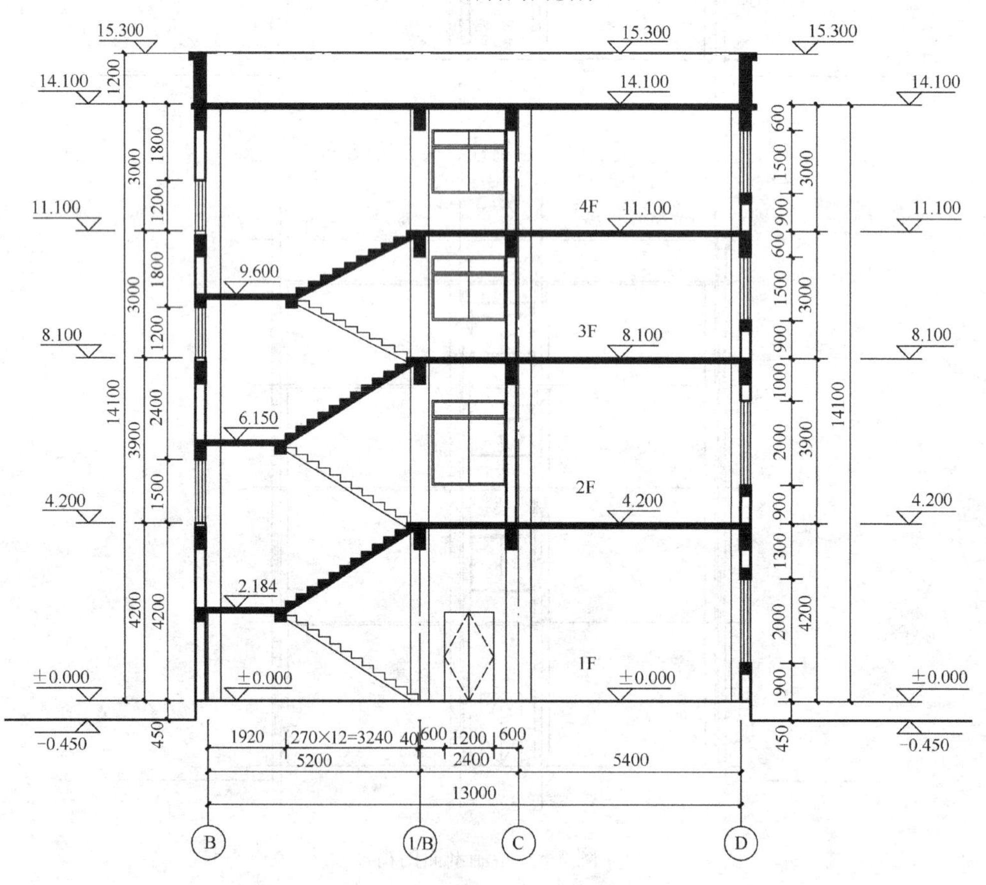

图 6-8 文本标注和尺寸标注

1. 图名、比例。剖面图的比例与平面图、立面图一致，为了图示清楚，也可用较大的比例进行绘制。

2. 定位轴线和轴线编号。剖面图上定位轴线的数量比立面图多，但一般也不需全部绘制，通常只绘制图中被剖切到的墙体的轴线。

3. 表示被剖切到的建筑物内部构造，如各楼层地面、内外墙、屋顶、楼梯、阳台等构造。

4. 表示建筑物承重构件的位置及相互关系，如各层的梁、板、柱及墙体的连接关系等。

5. 没有被剖切到的但在剖切面中可以看到的建筑物构件，如室内的门窗、楼梯和扶手等。

6. 屋顶的形式及排水坡度等。

7. 竖向尺寸的标注。

8. 详细的索引符号和必要的文字说明。

6.1.5 项目任务评价表

项目名称：绘制建筑剖面图的方法 学号：__________ 姓名：__________

<table>
<tr><th rowspan="3">评价项目</th><th rowspan="3">评价标准</th><th rowspan="3">评价依据</th><th colspan="3">评价方式</th><th rowspan="3">权重</th><th rowspan="3">得分小计</th><th rowspan="3">总分</th></tr>
<tr><th>自评</th><th>互评</th><th>教师评价</th></tr>
<tr><th>20(分)</th><th>20(分)</th><th>60(分)</th></tr>
<tr><td>职业素质</td><td>1. 按时完成项目；
2. 完成项目时遵守纪律；
3. 积极主动、勤学好问；
4. 组织协调能力（用于分组教学）</td><td>学习表现</td><td></td><td></td><td></td><td>0.2</td><td></td><td rowspan="3"></td></tr>
<tr><td>专业能力</td><td>1. 完成项目成果的可用性；
2. 完成项目成果的美观性</td><td>1. 作业完成情况；
2. 实训项目完成情况记录</td><td></td><td></td><td></td><td>0.7</td><td></td></tr>
<tr><td>安全及环保意识</td><td>1. 按要求使用计算机；
2. 按要求正确开、关计算机；
3. 实训结束按要求将凳子摆放整齐；
4. 爱护机房环境卫生</td><td>操作表现</td><td></td><td></td><td></td><td>0.1</td><td></td></tr>
<tr><td>教师综合评价</td><td colspan="8">指导老师签名： 日期：</td></tr>
</table>

注：将各项目考核得分按照各项目课时所占本门课程的比重折算到学生综合考核评价表中，可得出该生在整门课程的考核成绩。

6.2 绘制建筑剖面图的实例

6.2.1 目的与要求

通过上机操作，绘制建筑剖面图，如图 6-9 所示；掌握建筑剖面图的绘制方法，并能够熟练运用绘图命令，独立完成剖面图的绘制。

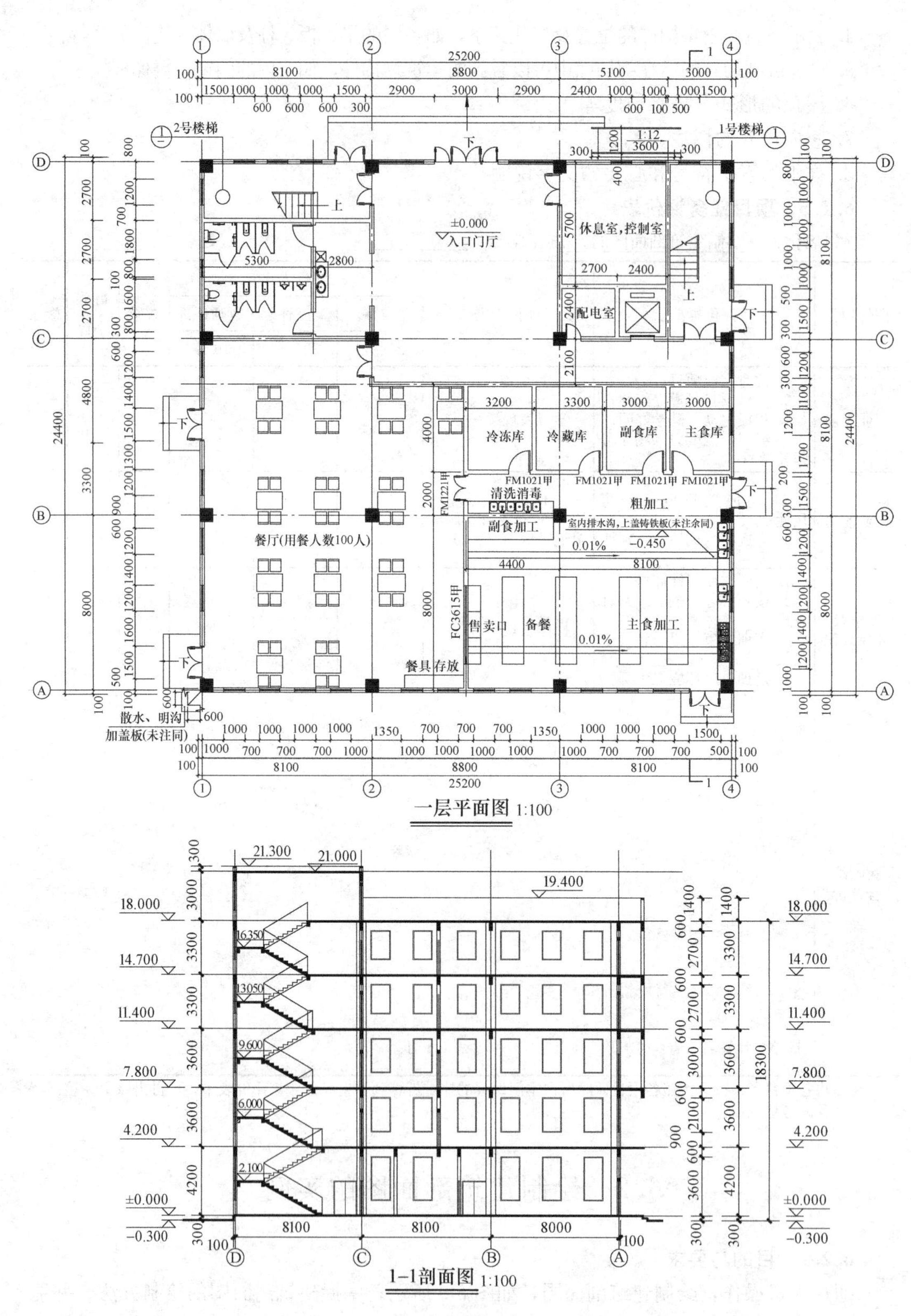

图 6-9　某综合楼平面图及 1-1 剖面图

6.2.2 上机操作步骤与要点

1. 项目实施的步骤

(1) 分析图形

绘制剖面图时，首先要设置绘图环境，再绘制出辅助线，然后分别绘制各种图形元素。一般情况下，墙线和楼板用“多线”命令绘制，门、窗和梁综合利用“块操作”、“复制”和“阵列”命令绘制，绘制楼梯时用“阵列”命令能加快绘图效率。建筑剖面图必须与建筑总平面图、建筑平面图、建筑立面图相对应。

(2) 绘图环境设置

根据图形大小，设置合适的图形界限，设置相应的图层。

(3) 图形绘制

按项目实施的要点绘制图形。

(4) 复核绘制好的图形

2. 项目实施的要点

(1) 绘制辅助定位轴线，如图 6-10 所示。

(2) 绘制地坪线、墙体轮廓线，如图 6-11 所示。

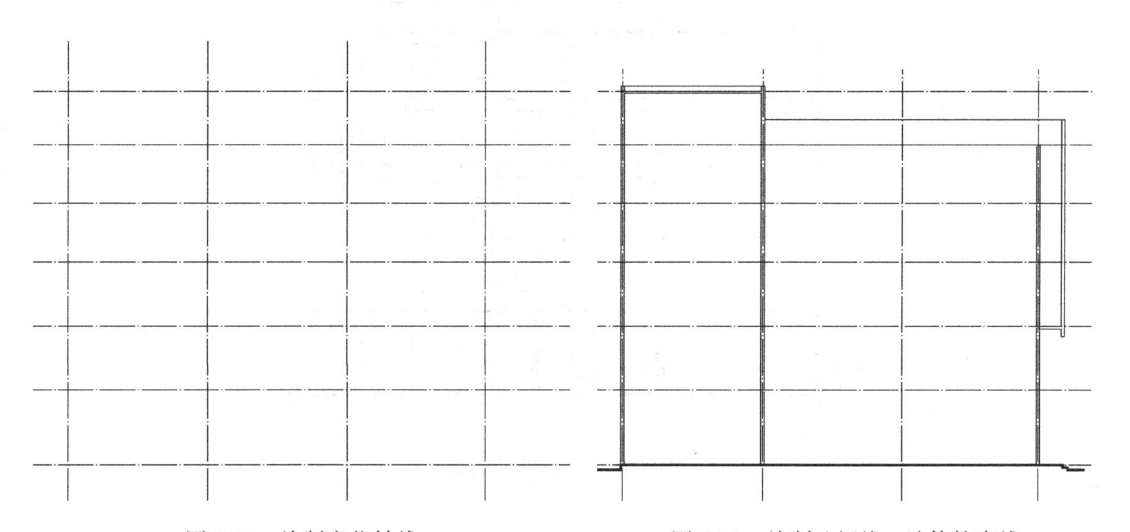

图 6-10 绘制定位轴线　　图 6-11 绘制地坪线、墙体轮廓线

(3) 绘制柱、梁、楼板，如图 6-12 所示。

(4) 绘制剖面门窗，如图 6-13 所示。

(5) 绘制剖面楼梯，如图 6-14 所示。

(6) 文本标注、尺寸标注，如图 6-15 所示。

6.2.3 规范与依据

根据《建筑制图规范》GB/T 50104—2010 及图纸的用途或设计深度，在平面图纸上选择能反映全貌、构造特征以及有代表性的部位剖切。各种剖面图应按正投影法绘制。建筑剖面图中应包括剖切面和投影方向可见的建筑构造、配件以及必要的尺寸、标高等。剖

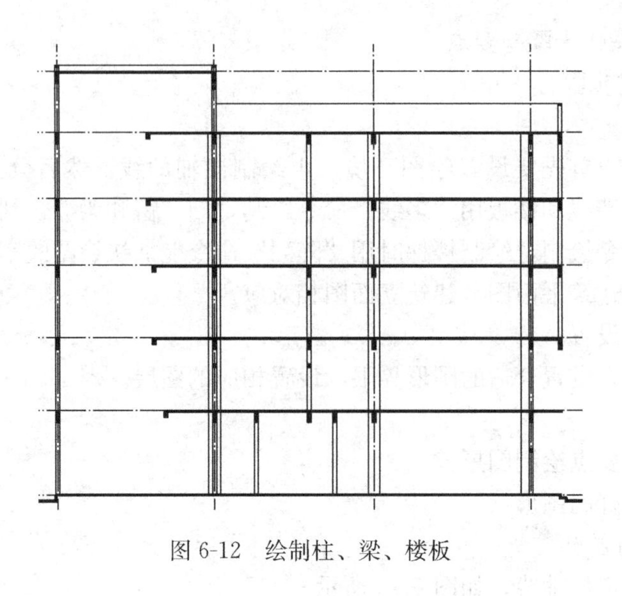

图 6-12　绘制柱、梁、楼板

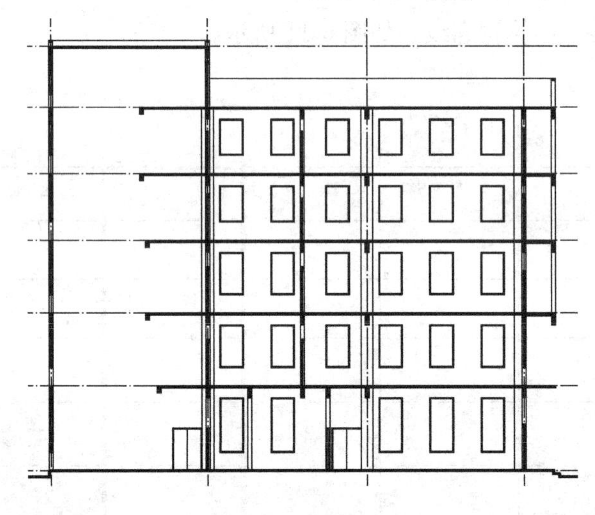

图 6-13　绘制剖面门窗

切可用阿拉伯数字、罗马数字或拉丁字母编号。

6.2.4　项目小结

指出操作中的注意事项，并纠正出现的问题。

1. 图名、比例。剖面图的比例与平面图、立面图一致，为了图示清楚，也可用较大的比例进行绘制。

2. 定位轴线和轴线编号。剖面图上定位轴线的数量比立面图多，但一般也不需全部绘制，通常只绘制图中被剖切到的墙体的轴线。

3. 剖面图上的线型、线宽、图例及标注严格按照《建筑制图规范》GB/T 50104—2010 表示。

4. 剖面图中被剖切到的墙体、梁、板、柱、楼梯、窗户等构件，在绘图时应与未被剖切到的部分相区分。

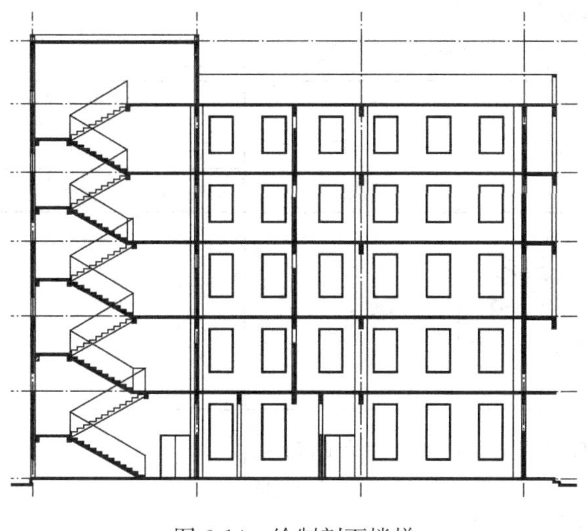

图 6-14　绘制剖面楼梯

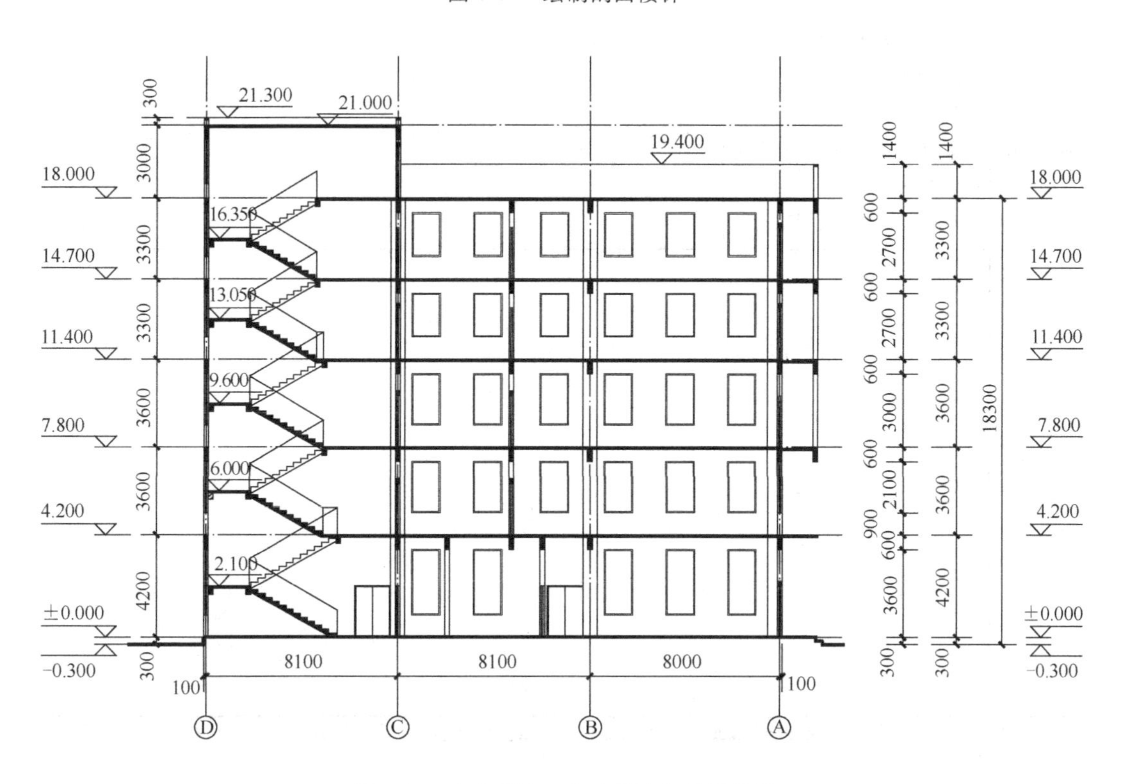

图 6-15　文本标注、尺寸标注和显示线宽

5. 建筑剖面图主要表示建筑物垂直方向的内部构造和结构形式，反映房屋的层次、层高、楼梯、结构形式、层面及内部空间关系等。它应与建筑平面图、立面图配合使用，是建筑施工图中不可缺少的重要图样之一。剖面图的图名和投影方向应与底层平面图上的标注一致。

6.2.5 项目任务评价表

项目名称： 绘制建筑剖面图的实例 学号：________ 姓名：________

评价项目	评价标准	评价依据	评价方式			权重	得分小计	总分
			自评	互评	教师评价			
			20(分)	20(分)	60(分)			
职业素质	1. 按时完成项目； 2. 完成项目时遵守纪律； 3. 积极主动、勤学好问； 4. 组织协调能力（用于分组教学）	学习表现				0.2		
专业能力	1. 完成项目成果的可用性； 2. 完成项目成果的美观性	1. 作业完成情况； 2. 实训项目完成情况记录				0.7		
安全及环保意识	1. 按要求使用计算机； 2. 按要求正确开、关计算机； 3. 实训结束按要求将凳子摆放整齐； 4. 爱护机房环境卫生	操作表现				0.1		
教师综合评价	指导老师签名：　　　　日期：							

注：将各项目考核得分按照各项目课时所占本门课程的比重折算到学生综合考核评价表中，可得出该生在整门课程的考核成绩。

模块 7　大样图的绘制

7.1　绘制楼梯大样图

7.1.1　目的与要求

通过上机操作，绘制楼梯大样图，如图 7-1 所示；掌握楼梯大样图的绘制方法，运用常见的绘图、编辑命令绘制楼梯大样图。

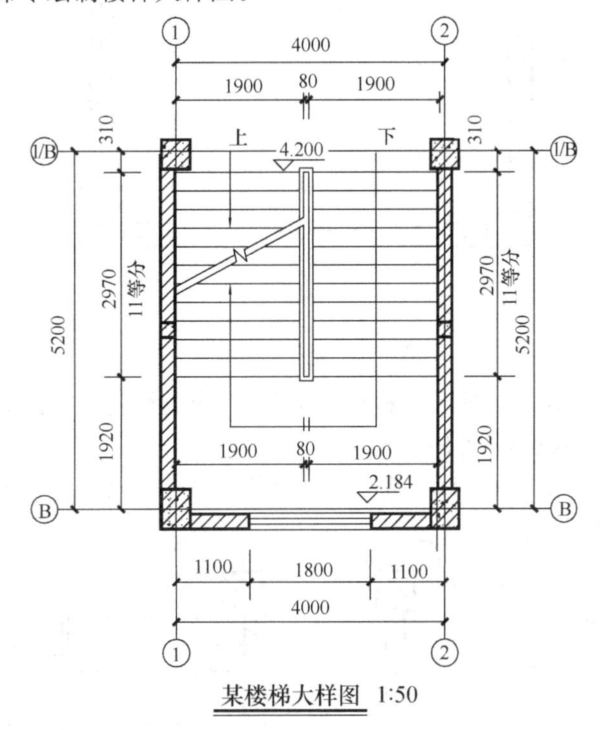

图 7-1　某楼梯大样图

7.1.2　上机操作步骤与要点

1. 项目实施的步骤

（1）分析图形

绘制楼梯大样图时，要用到“直线”、“矩形”、“阵列”、“偏移”、“多段线”等绘图命令。

（2）绘图环境设置

根据图形大小，设置合适的图形界限及相应的图层。

（3）图形绘制

按项目实施的要点绘制图形。

（4）复核绘制好的图形

2. 项目实施的要点

（1）确定楼梯位置，用“直线”命令绘制楼梯间的轴线及墙线，如图 7-2 所示。

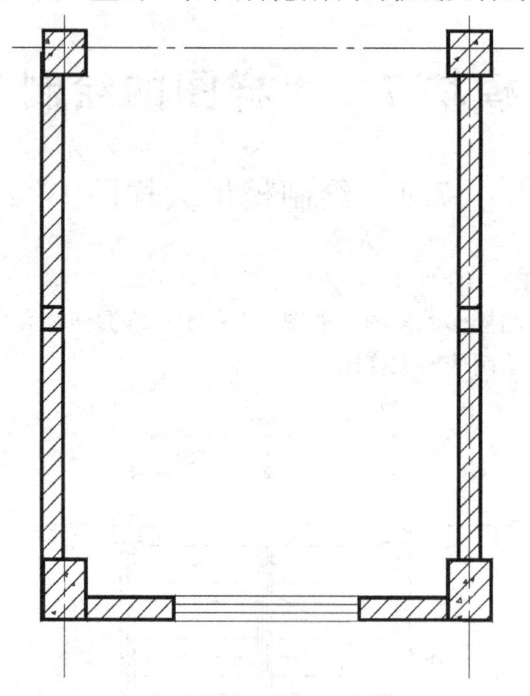

图 7-2　确定楼梯位置

（2）绘制扶手，如图 7-3 所示。采用“矩形”命令先绘制一个长 2970，宽 80 的矩形，再采用“偏移”命令将矩形向外偏移 60。

（3）绘制楼梯，如图 7-4 所示。先采用“直线”命令画出一条直线，再用“阵列”或者“偏移”命令绘制楼梯。

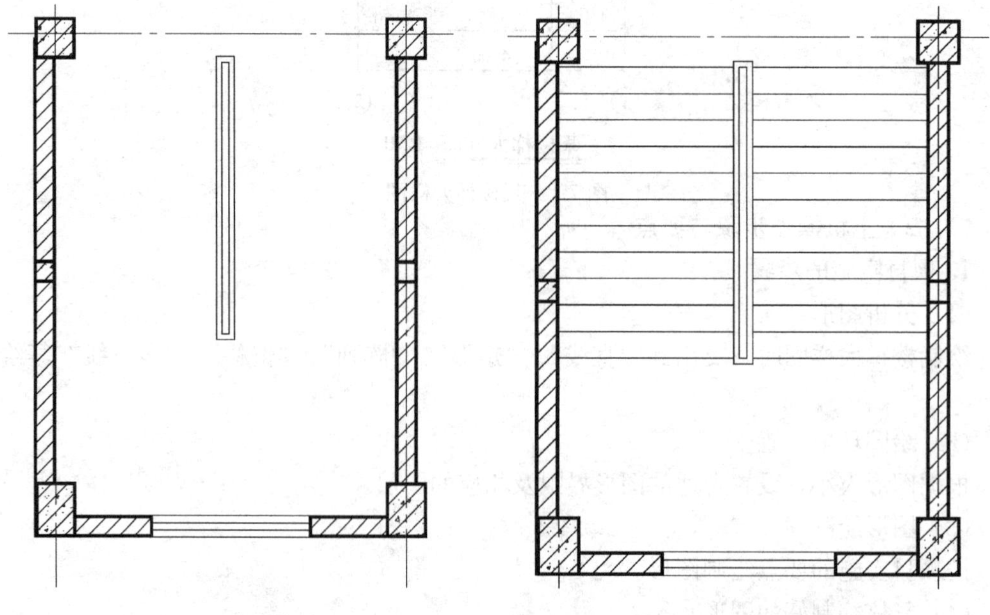

图 7-3　绘制扶手　　　　图 7-4　绘制楼梯

（4）标注楼梯方向，如图 7-5 所示。采用“多段线”命令绘制折断线，绘制标注楼梯方向的箭头。

（5）尺寸标注，如图 7-6 所示。

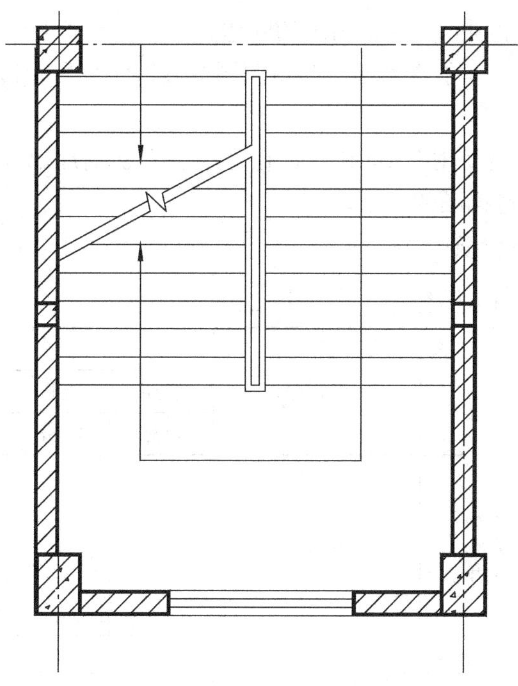

图 7-5　标注楼梯方向

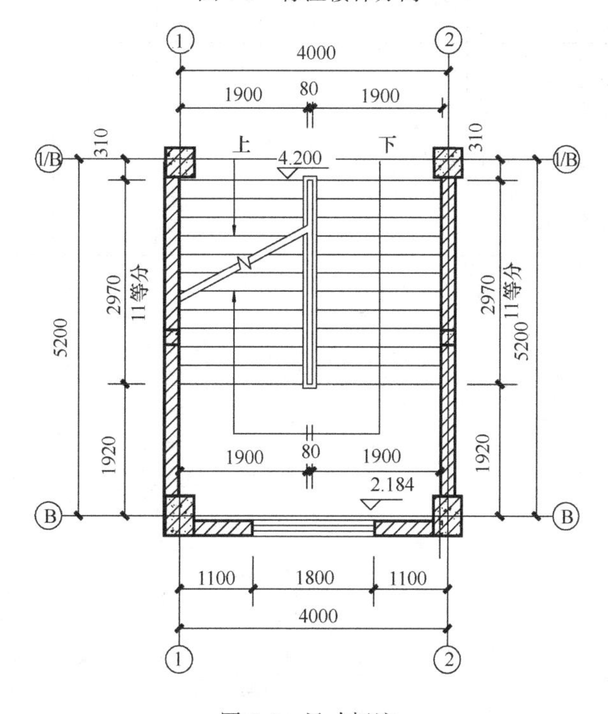

图 7-6　尺寸标注

7.1.3 规范与依据

《建筑制图标准》GB/T 50104—2010。

7.1.4 项目小结

指出操作中的注意事项，并纠正出现的问题。

1. 通过本任务的学习，能在熟悉《建筑制图标准》GB/T 50104—2010 的基础上，掌握绘制建筑构造详图的方法。

2. 对于技能训练，能使用 CAD 软件，在基本图上切割局部详图，并能利用 CAD 的编辑工具，完成建筑构造详图的绘制。

7.1.5 项目任务评价表

项目名称：<u>绘制楼梯大样图</u>　学号：＿＿＿＿＿　姓名：＿＿＿＿＿

评价项目	评价标准	评价依据	评价方式			权重	得分小计	总分
			自评	互评	教师评价			
			20(分)	20(分)	60(分)			
职业素质	1. 按时完成项目； 2. 完成项目时遵守纪律； 3. 积极主动、勤学好问； 4. 组织协调能力（用于分组教学）	学习表现				0.2		
专业能力	1. 完成项目成果的可用性； 2. 完成项目成果的美观性	1. 作业完成情况； 2. 实训项目完成情况记录				0.7		
安全及环保意识	1. 按要求使用计算机； 2. 按要求正确开、关计算机； 3. 实训结束按要求将凳子摆放整齐； 4. 爱护机房环境卫生	操作表现				0.1		
教师综合评价	指导老师签名：　　　　日期：							

注：将各项目考核得分按照各项目课时所占本门课程的比重折算到学生综合考核评价表中，可得出该生在整门课程的考核成绩。

7.2 绘制女儿墙大样图

7.2.1 目的与要求

通过上机操作，绘制女儿墙大样，如图 7-7 所示；掌握女儿墙大样图的绘制方法，运用常见的绘图、编辑命令绘制女儿墙大样图。

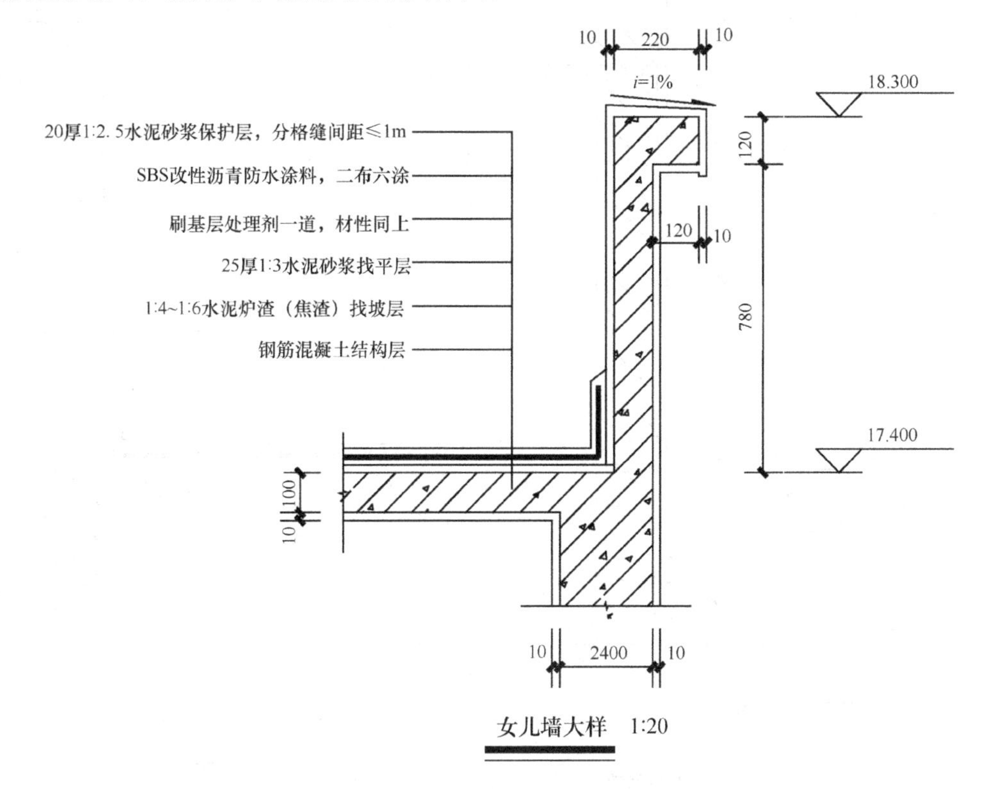

图 7-7 女儿墙大样图

7.2.2 上机操作步骤与要点

1. 项目实施的步骤

（1）分析图形

绘制女儿墙大样图时，要用到“直线”、“多段线”、“图案填充”、“偏移”等命令。

（2）绘图环境设置

根据图形大小，设置合适的图形界限及相应的图层。

（3）图形绘制

按项目实施的要点绘制图形。

（4）复核绘制好的图形

2. 项目实施的要点

（1）调整画图比例。设置当前绘图比例为 1∶20。

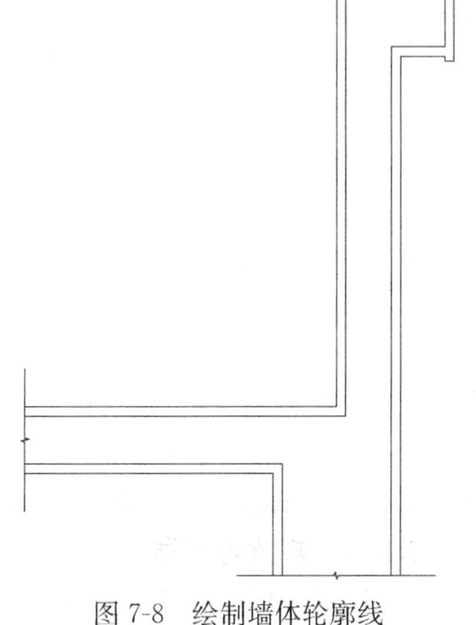

图 7-8 绘制墙体轮廓线

（2）绘制墙体轮廓线。采用“多段线”绘制水平线和竖直线各一条，根据墙身尺寸，使用“偏移”命令，绘出墙体轮廓线，如图 7-8 所示。

（3）墙体填充，如图 7-9 所示。使用“图案填充”命令对墙体进行填充。

（4）绘制女儿墙的结构层，如图 7-10 所示。

（5）标注文字，如图 7-11 所示。

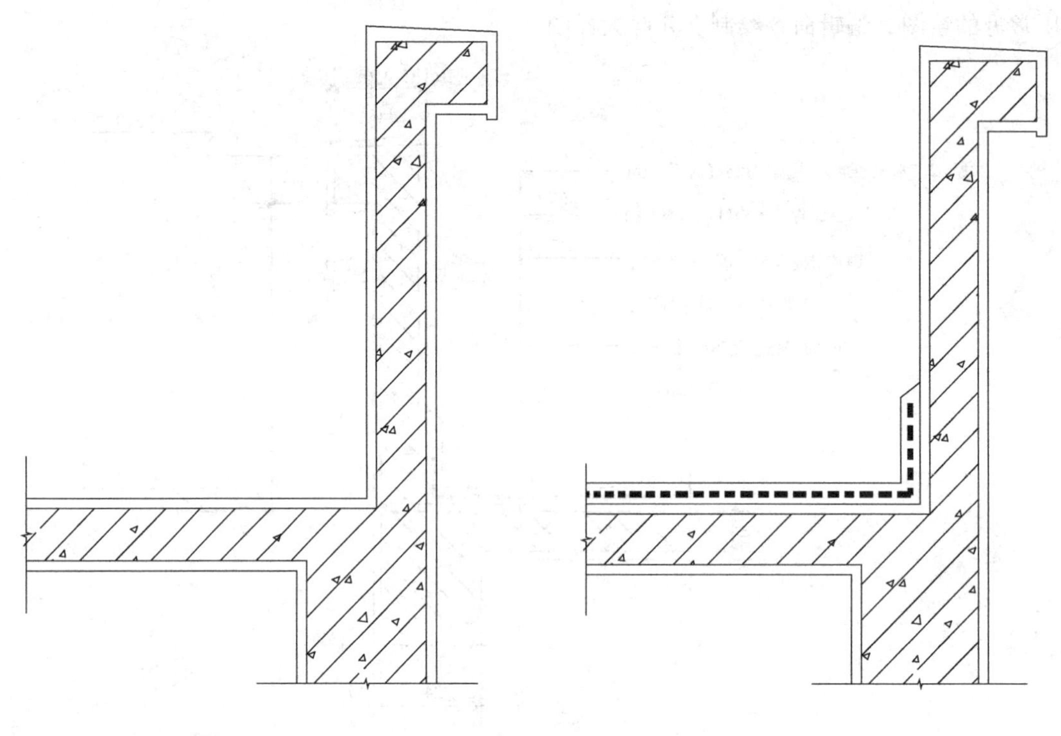

图 7-9　墙体填充　　　　图 7-10　绘制结构层

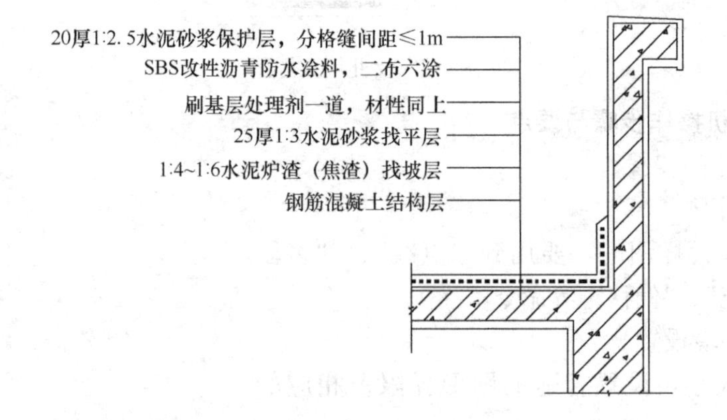

图 7-11　文字标注

（6）尺寸标注、显示线宽，如图 7-12 所示。

7.2.3　规范与依据

《建筑制图标准》GB/T 50104—2010。

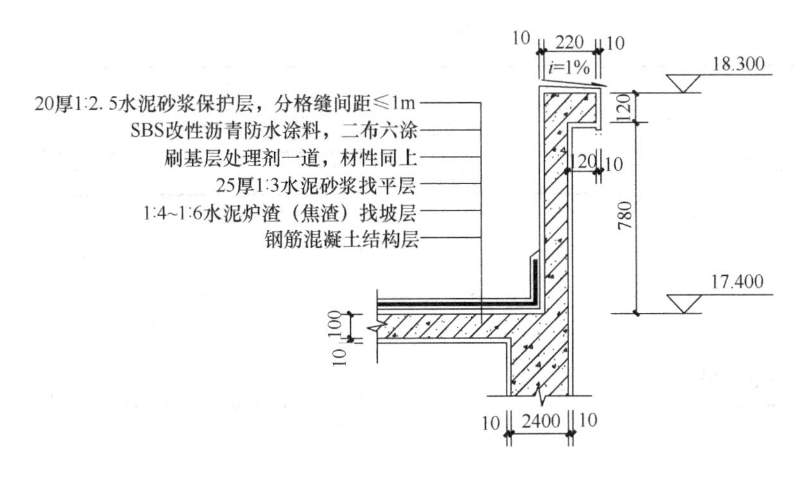

图 7-12　尺寸标注、显示线宽

7.2.4　项目小结

指出操作中的注意事项，并纠正出现的问题。

1. 通过本任务的学习，能在熟悉《建筑制图规范》GB/T 50104—2010 的基础上，掌握绘制建筑构造详图的方法。

2. 对于技能训练，能使用 CAD 软件，在基本图上切割局部详图；并能利用 CAD 的编辑工具，完成建筑构造详图的绘制。

3. 大样图应包括图的名称、比例、符号及编号，如需另画详图时，还要标注所引出的索引符号。

4. 大样图应包括建筑构件的形状规格、其他构配件的详细构造、结构层次及有关详细尺寸和材料图例。

5. 大样图中各个部位和各个层次的用料、做法、颜色以及施工要求等都需要标注。

6. 尺寸标注应齐全，可作为施工现场放样的依据。

7.2.5　项目任务评价表

项目名称：<u>绘制女儿墙大样图</u>　学号：________　姓名：________

评价项目	评价标准	评价依据	评价方式			权重	得分小计	总分
			自评	互评	教师评价			
			20(分)	20(分)	60(分)			
职业素质	1. 按时完成项目； 2. 完成项目时遵守纪律； 3. 积极主动、勤学好问； 4. 组织协调能力（用于分组教学）	学习表现				0.2		
专业能力	1. 完成项目成果的可用性； 2. 完成项目成果的美观性	1. 作业完成情况； 2. 实训项目完成情况记录				0.7		

续表

评价项目	评价标准	评价依据	评价方式			权重	得分小计	总分
			自评	互评	教师评价			
			20(分)	20(分)	60(分)			
安全及环保意识	1. 按要求使用计算机； 2. 按要求正确开、关计算机； 3. 实训结束按要求将凳子摆放整齐； 4. 爱护机房环境卫生	操作表现				0.1		
教师综合评价	指导老师签名：　　　　日期：							

注：将各项目考核得分按照各项目课时所占本门课程的比重折算到学生综合考核评价表中，可得出该生在整门课程的考核成绩。

模块8　综　合　绘　图

8.1　绘制住宅建筑施工图

8.1.1　目的与要求

本模块以某住宅的建筑施工图为项目任务，通过本模块的系统训练，绘制出8.1.2节中要求的内容，掌握AutoCAD软件绘制建筑施工图的常规方法和作图技巧。

8.1.2　上机任务

8.1.2.1　写出设计说明

一、设计依据

1. 某规划局下发的《建设用地规划许可证》

2. 某社区提供的设计要求和意见

3. 某社区提供的现状地形图

4. 某社区提供的现状各市政管线资料

5.《民用建筑设计通则》GB 50352—2005

6.《住宅设计规范》GB 50096—2011

7.《城市居住区规划设计规范》GB 50180—2002

8.《建筑设计防火规范》GB 50016—2006

9.《全国民用建筑工程设计技术措施：规划·建筑·景观》(2009版)

10. 其他现行的国家及地方有关规范、标准、规程、规定

二、工程设计项目概况

1. 本项目为某社区宅基地安置小区B户型。

2. 本工程拟建于某省某市，用地现状为山地，位于某经济开发区某村东山苹果园。

3. 本工程建筑面积：1441.8m^2；B户型建筑面积：119.9m^2；建筑层数：六层；建筑高度：18.32m。

4. 按消防分类，建筑类别为二类。建筑耐火等级为二级。

5. 以主体结构确定的设计使用年限50年。

6. 结构类型：砖混结构。建筑物抗震设防烈度8度。

7. 建筑物屋面防水等级：二级。

三、设计标高

1. 高程系统为：黄海高程。

2. 本设计除竖向标高及总图尺寸以米（m）为单位外，其余尺寸均以毫米（mm）为单位。

3. 图中±0.000相对应的绝对标高及室内外高差详见竖向图。

4. 施工图中的标高均为结构面标高。

四、节能设计

1. 本工程所在地，所属的气候区为VB类气候区（温和地区），主要立面朝东西向，主要房间均能自然通风采光。在低纬度高海拔地理条件综合影响下，形成了低纬度高原季风气候特点。四季温差较小，主导风向为西南风。本建筑不考虑采暖和空调装置。

2. 本工程采用的外墙材料为240mm厚黏土烧结砖，其与混凝土浇筑的复合结构传热系数为0.416kW/（m^2·K）；屋面设有小平板架空隔热层，传热系数满足规范要求。

3. 外窗：本工程设计中多数采用气密性良好、传热性小的普通铝合金材料制作窗户，传热系数为6.4kW/（m^2·K），气密等级为4级。

五、消防设计

1. 本工程建筑耐火等级二级，根据《建筑设计防火规范》GB 50016—2006进行消防设计。

2. 本工程建筑面积1441.8m^2，一个单元分为一个防火分区。

3. 总图布局中，各单元之间防火间距均满足现行《建筑防火设计规范》。

4. 本工程为六层一梯两户单元式住宅，每单元设一个自然采光疏散楼梯，满足《建筑防火设计规范》。

5. 本工程墙、梁、楼板、楼梯等建筑构件均为不燃烧体，耐火极限均不低于1h，满足《建筑防火设计规范》。

六、无障碍设计

因本工程为某社区宅基地安置小区，经社区委员统计，某社区宅基地安置对象无残障人士，加上工程所在地为山地分台式地形，根据实际情况出发，本工程综合楼暂不考虑无障碍设计。

七、主要工程做法及说明

（一）屋面工程

1. 屋面为不上人屋面，屋面防水等级二级。屋面施工中严格遵照有关规定进行并与设备安装密切配合，以确保屋面施工质量及排水通畅，避免渗漏现象发生。

2. 屋面防水为SBS改性沥青防水涂料，二布六涂。屋面与女儿墙或外墙的交接处，要求做泛水，防水层翻起高度不小于300mm。原则上沿轴线设分仓缝兼做排气槽。

3. 屋面结构层采用1∶4～1∶6水泥炉渣（焦渣）作找坡层，应捣实，表面平整，最薄处30mm。

4. 屋面雨水管做法详见西南11J201-1/P53。

5. 屋面隔热层做法详见西南11J201-2301a/P42。

6. 屋面防水材料质量需满足国家有关规范、规程。

（二）墙体工程

1. 墙体除注明者外，均为240mm厚黏土烧结砖。砖标号及墙体砌筑砂浆标号见结构图纸。构造柱边宽度小于或等于150mm的门、窗垛采用同标号素混凝土浇筑。

2. 应严格按照有关规范、规程选择墙体材料，并按产品的施工要点、构造节点要求进行施工。

3. 女儿墙及所有长度大于5m的墙体（墙端部无转角墙或无钢筋混凝土柱拉结时）须加设构造柱，构造柱做法详见结构统一说明。砌筑过高的墙体、不到顶的非承重墙，其砌筑用料及锚固方法详见结构统一说明。钢筋混凝土墙、柱与砌体墙连接之处均设置拉接筋，其构造详见结构图设计说明。砖墙的门窗洞口或较大的预留洞口，洞顶不到梁底的设混凝土过梁，过梁尺寸配筋详见结施图。

4. 墙身防潮层

（1）室内标高高于室外标高时，所有砌体墙身在低于室内地面标高 0.06m 处铺设 20mm 厚防水砂浆防潮层（1：2 水泥砂浆掺 3%防水剂）。

（2）室内相邻地面有高差时，在高差处墙身的外侧面加设 20mm 厚防水砂浆防潮层（1：2 水泥砂浆掺 3%防水剂）。

（3）卫生间除门洞位置地面与墙结合部位上卷与墙同宽 120mm 高素混凝土，混凝土强度与本层楼地面混凝土强度相同，并与楼板一次浇捣，不留施工缝。

5. 内墙

（1）卫生间内墙面防水，需要从该房间的地板做至 1800mm 高。

（2）室内墙面、柱面粉刷部分的阳角和洞口的阳角应用 1：2 水泥砂浆做护角，其高度不应低于 2000mm，每侧宽度不小于 50mm。

（3）风道、烟道等竖井内壁砌筑灰缝需饱满，并随砌随原浆抹光。

（4）所有埋入墙内、混凝土内的木制件，均须涂刷耐腐蚀涂料。

（5）墙体面层喷涂或油漆须待粉刷基层干燥后方可施工。

6. 外墙

（1）刷涂料面层的外墙面防水设计：在打底的水泥砂浆上面，涂刷一层 1.5mm 厚聚合物水泥基复合防水涂料。粉刷 20mm 厚 1：2.5 防水水泥砂浆（掺 3%防水剂）。面层粉刷采用 8mm 厚 1：2.5 聚合物水泥砂浆。

（2）凸出墙面的腰线、檐板、窗台等应做不小于 1%向外排水坡，下缘要做滴水。

（三）防水工程

1. 地面、楼面防水

（1）防水材料厚度：改性沥青防水涂料厚 3mm，合成高分子防水涂料厚 2mm。

（2）卫生间楼面防水材料为改性沥青一布四涂，并沿墙上翻 1800mm。

（3）阳台防水材料为合成高分子防水涂料一布二涂。

（4）阳台标高比同楼层地面标高低 40mm，并以 1%的排水坡度斜向地漏。

2. 屋面防水：屋面防水材料为改性沥青二布六涂，做法详见西南 11J201-2303b/P22。

（四）门窗工程

1. 铝合金窗立面分格及开启形式详见施工图及门窗大样，拉窗推拉门采用 90 系列。

2. 铝合金门窗型材及安装应符合《铝合金门》98ZJ641、《铝合金窗》98ZJ721 的要求，并按要求配齐五金配件。铝合金门主要结构型材壁厚应不小于 2.0mm，铝合金窗主要结构型材壁厚应不小于 1.4mm。

3. 铝合金门窗框与墙体相连接处用 1：2 中膨胀低碱水泥砂浆填塞缝隙，在窗框料与外墙面接触处留 10mm×5mm 凹槽并用耐候硅酮密封胶嵌缝。将冷沥青涂在框料的凹槽处作防腐处理，再用 1：2 水泥砂浆填实。

4. 门窗预埋在墙或柱内的木（铁）件应作防腐（防锈）处理。

5. 铝合金门窗一般为后安装施工，在建筑平、立、剖面图纸上标注的尺寸均为洞口尺寸。

6. 除图中注明者外，门窗立樘位置均居墙中。

7. 玻璃窗的强度、风压计算以及防火、防水等构造由具有专业资质的设计及施工单位承担，所用材料须有产品检验合格证。

8. 各种密封胶不得互相代用，用于玻璃装配者，必须为结构硅酮密封胶，用于堵缝者必须为耐候硅酮密封胶。

9. 门窗小五金：凡选用标准门窗均应按标准图配置齐全，非标准门窗按设计指定品种规格配置（由生产厂家配套，设计人认可）。

10. 外墙窗气密性要求：外窗在10Pa压差下，每小时每米缝隙的空气渗透量不应大于2.5m^3且每小时每平方米的空气渗透量不应大于7.5m^3，即不低于气密性能分级的3级。

（五）油漆及防腐措施

1. 避雷带表面镀锌；所有预埋件均作防腐防锈处理；金属构配件、预埋件及套管，均刷红丹防锈漆二道。

2. 楼梯钢栏杆红丹打底黑色油漆两道，钢管扶手红丹打底黑色油漆两道。

3. 金属面油性调和漆，做法详见西南11J312-5113/P80。

（六）室内外装修

1. 外立面装修材料及颜色详见各立面标注。

2. 所有挑出构件檐口、门窗洞口上檐、雨篷等应做半圆凹槽滴水线，半径为15mm。

3. 若有较高要求的装修另行委托二次装修设计，但二次装修施工图须经设计单位各专业工程人员核对，确保土建施工质量和室内外设计风格的统一无影响后，方可进行装饰工程施工。

4. 凡需吊顶的房间在浇筑各层楼面板时，均需在楼面板内预留ϕ16钢筋吊钩，其伸入板内200mm与2根板底钢筋绑扎锚固，伸出板底150mm，吊钩刷红丹防锈漆。

5. 楼梯踏步防滑条详见西南11J412-5/P60。

6. 楼梯间扶手详见西南11J412-4/P41，长度超过500mm的水平段总高度为1050mm。

7. 外墙变形缝做法详见西南11J112-5/P56。

8. 外墙装修做法参见西南11J516。

9. 外墙面乳胶漆质量需满足国家有关规范、规程的要求。

10. 室内装修详见室内装修用料表和局部大样图。

（七）施工特别注意事项

1. 砌体要求平整，灰缝均匀饱满，所有墙、柱、楼（地）面、顶棚等抹面及面层粉刷需平整、洁净并符合有关工程施工及验收规范要求。

2. 外墙线脚、飘板、窗楣、窗台底及雨棚底边线均应做滴水线。

3. 室内地坪先将原土平整，如有填土则应分层洒水夯实，如填砂则应用水冲实，然后捣制100mm厚C15混凝土垫层（包括门口踏步及散水），垫层分缝不大于6m×6m，缝宽20mm。

4. 各设备专业预留洞与预埋件详见设备专业图纸，所有砌体、钢筋混凝土板，如有孔洞，必须在施工前配合有关专业图纸预留，不得事后打洞。如确因特殊情况事后打洞，必须有防水、防裂措施。

5. 设计图中的排水管及地漏位置仅为示意。所有雨水管、排污管安装完毕后必须作灌水试验。如采用 UPVC 管应按有关技术规定施工。

6. 凡预埋铁件均须作防锈处理。外露铁构件经除锈后，均涂防锈漆一道，油面漆二道，颜色按图纸要求或同所在墙面的颜色。

7. 所有木构件均需作防腐及防白蚁处理。

8. 本施工图所用的建筑材料及装修材料必须符合《民用建筑工程室内环境污染控制规范》GB 50325—2010 的规定。

9. 本工程所有装饰材料均应先取样板（或色板）并会同设计人、使用单位商定后方可订货施工。

10. 工程中所有橱窗、货架货柜、家具及厨具等均由建设单位或使用单位自理，图中仅作位置示意。

11. 图中未详尽之处，需严格按照国家现行工程施工及验收规范执行。

（八）其他

1. 卫生间、洗手间、厕所等卫生洁具除注明者外均选用成品，其尺寸样式详见设备图。

2. 沿建筑外墙四周设散水和排水暗沟，详见西南 11J812-2/P4 和西南 11J812-（5a）2a/P3。

3. 本工程施工时各工种之间应密切配合，凡管线安装均要求预留孔洞，不得事后穿墙凿洞。

4. 施工单位应严格按照图纸施工，若有不详之处，应与设计单位及时联系，未经设计单位同意，不得任意变更，设计变更需征得甲方及设计单位同意并书面认可。施工操作应严格按照国家颁发的有关工程施工及验收规范实施。凡本图纸所述施工要求不尽详细之处均按国家有关验收规范执行。

8.1.2.2　绘制图形

1. 绘制总平面图（图 8-1）

2. 绘制一层平面图（图 8-2）

3. 绘制二层平面图（图 8-3）

4. 绘制三～五层平面图（图 8-4）

5. 绘制六层平面图（图 8-5）

6. 绘制屋顶平面图（图 8-6）

7. 绘制①-⑬轴立面图（图 8-7）

8. 绘制⑬-①轴立面图（图 8-8）

9. 绘制Ⓚ-Ⓐ轴立面图（图 8-9）

10. 绘制 1-1 剖面图（图 8-10）

11. 绘制楼梯详图（图 8-11）

12. 绘制大样图（图 8-12）

13. 绘制门窗表（表 8-1）

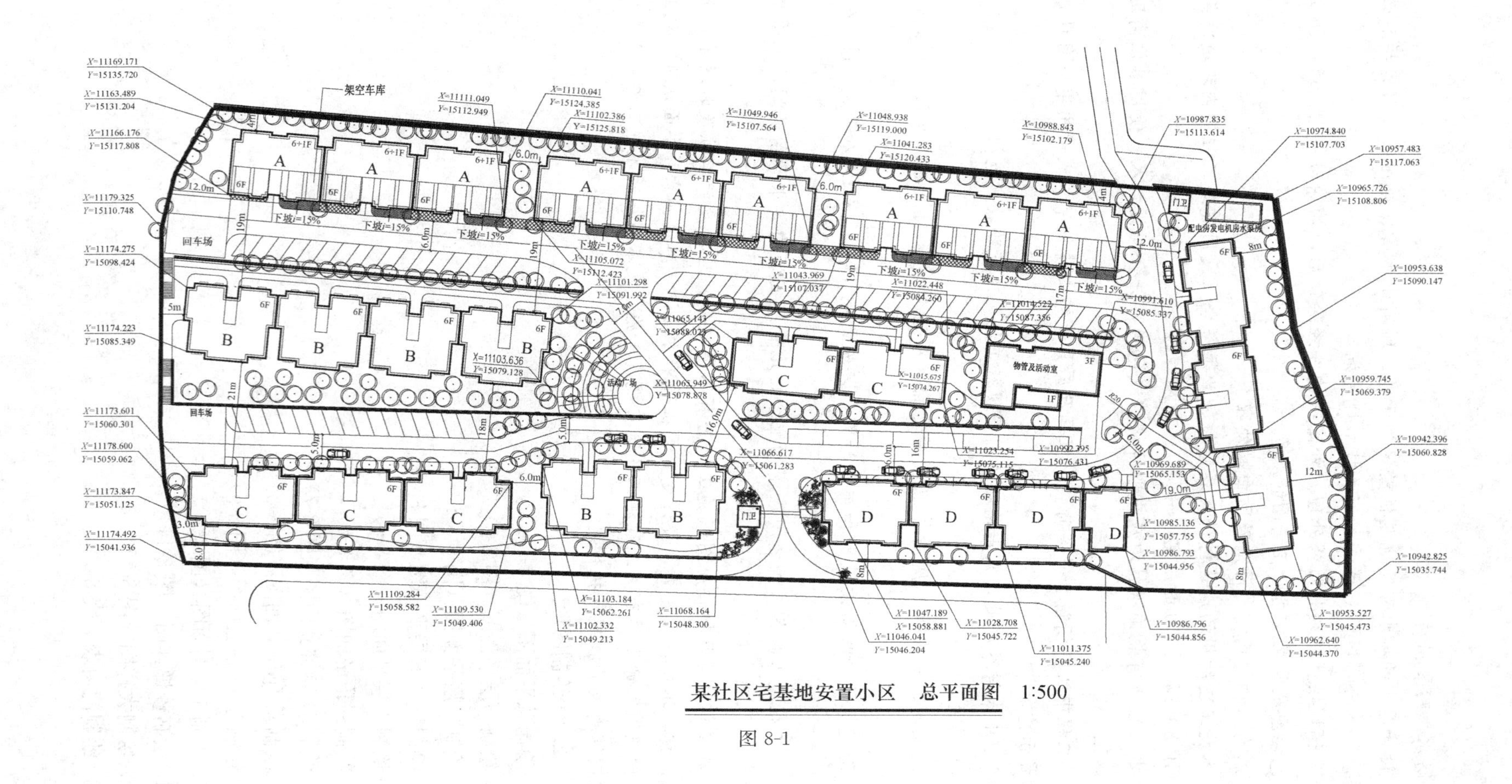

某社区宅基地安置小区　总平面图　1:500

图 8-1

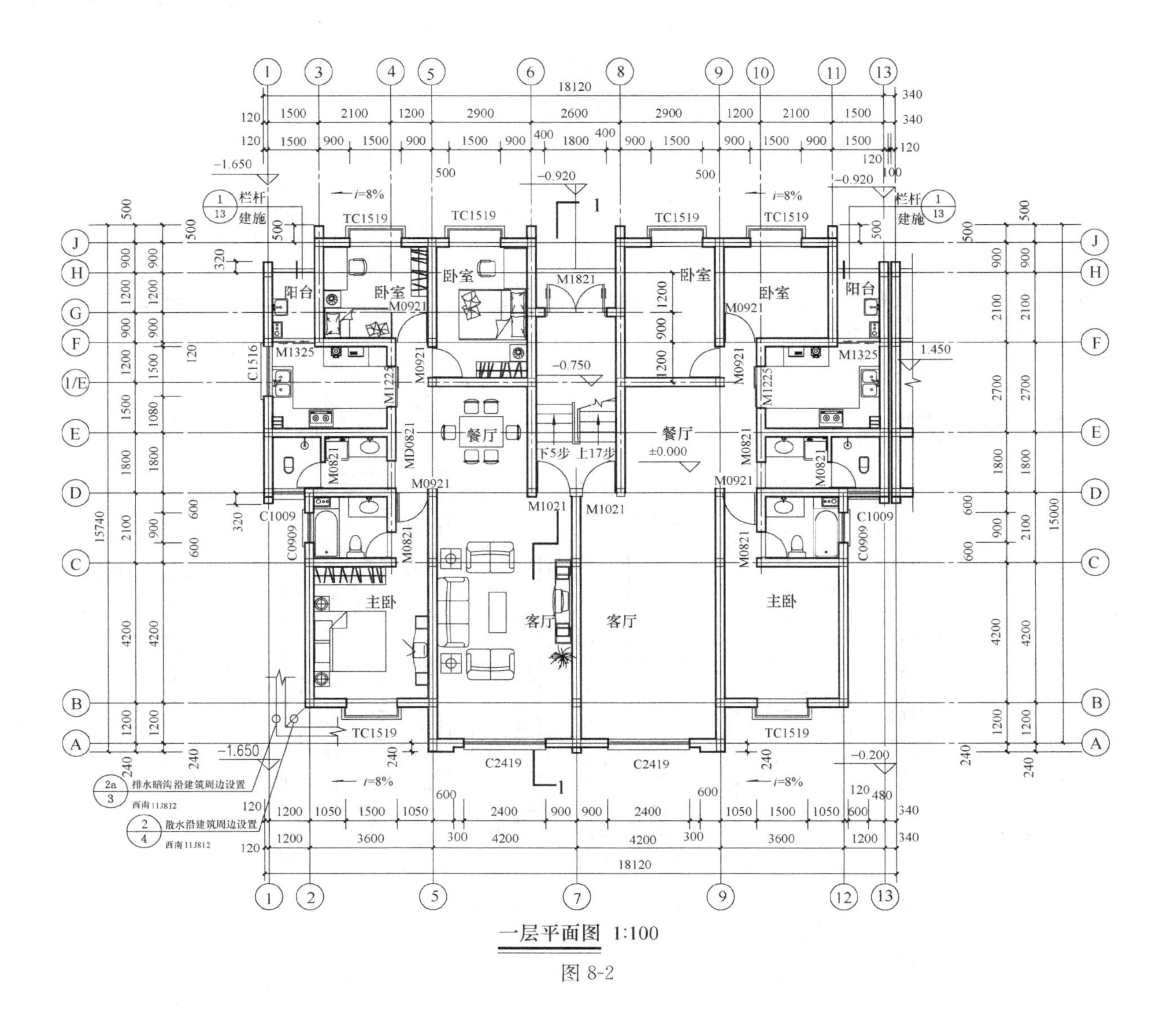

一层平面图 1:100

图 8-2

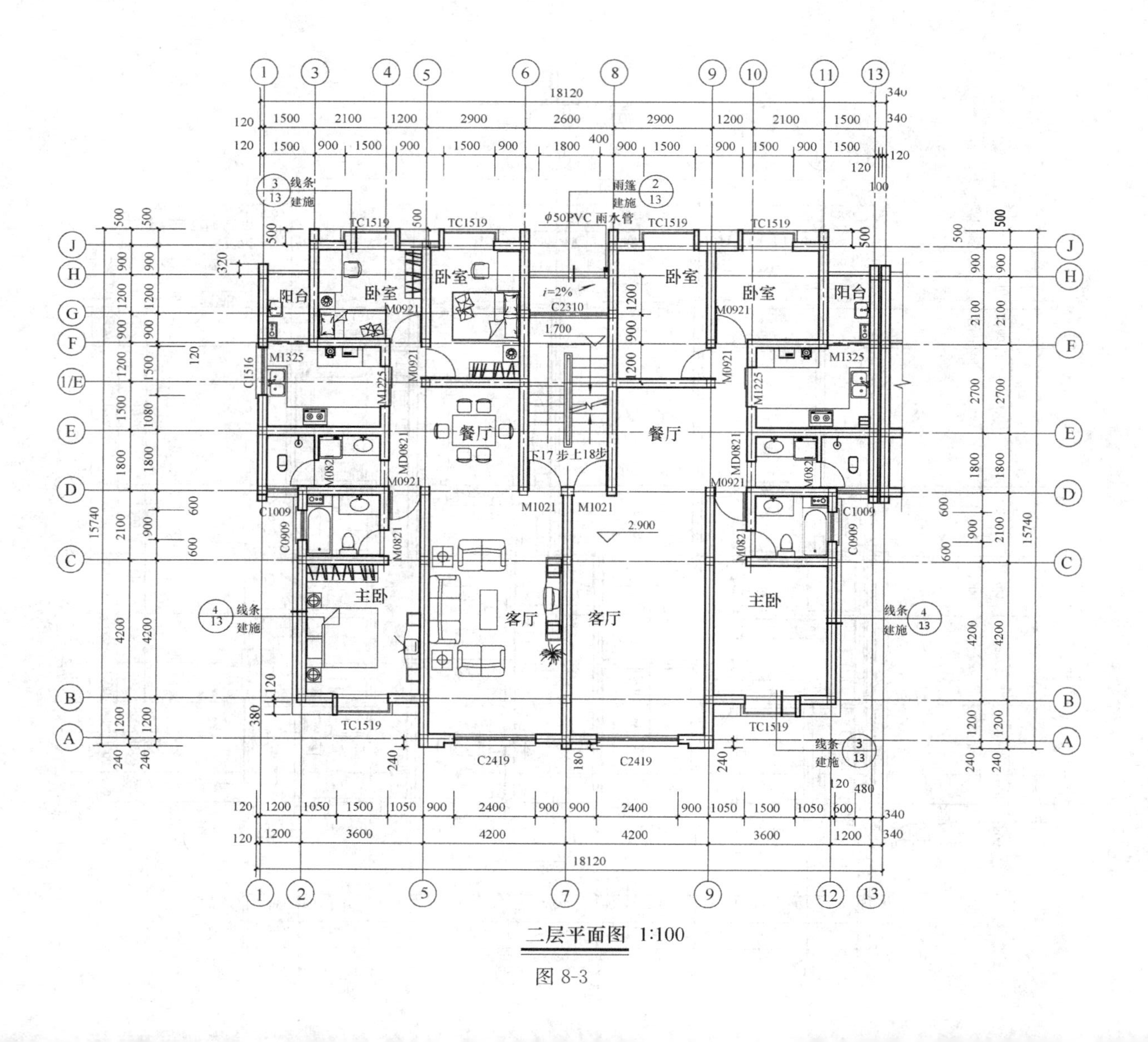

二层平面图 1:100

图 8-3

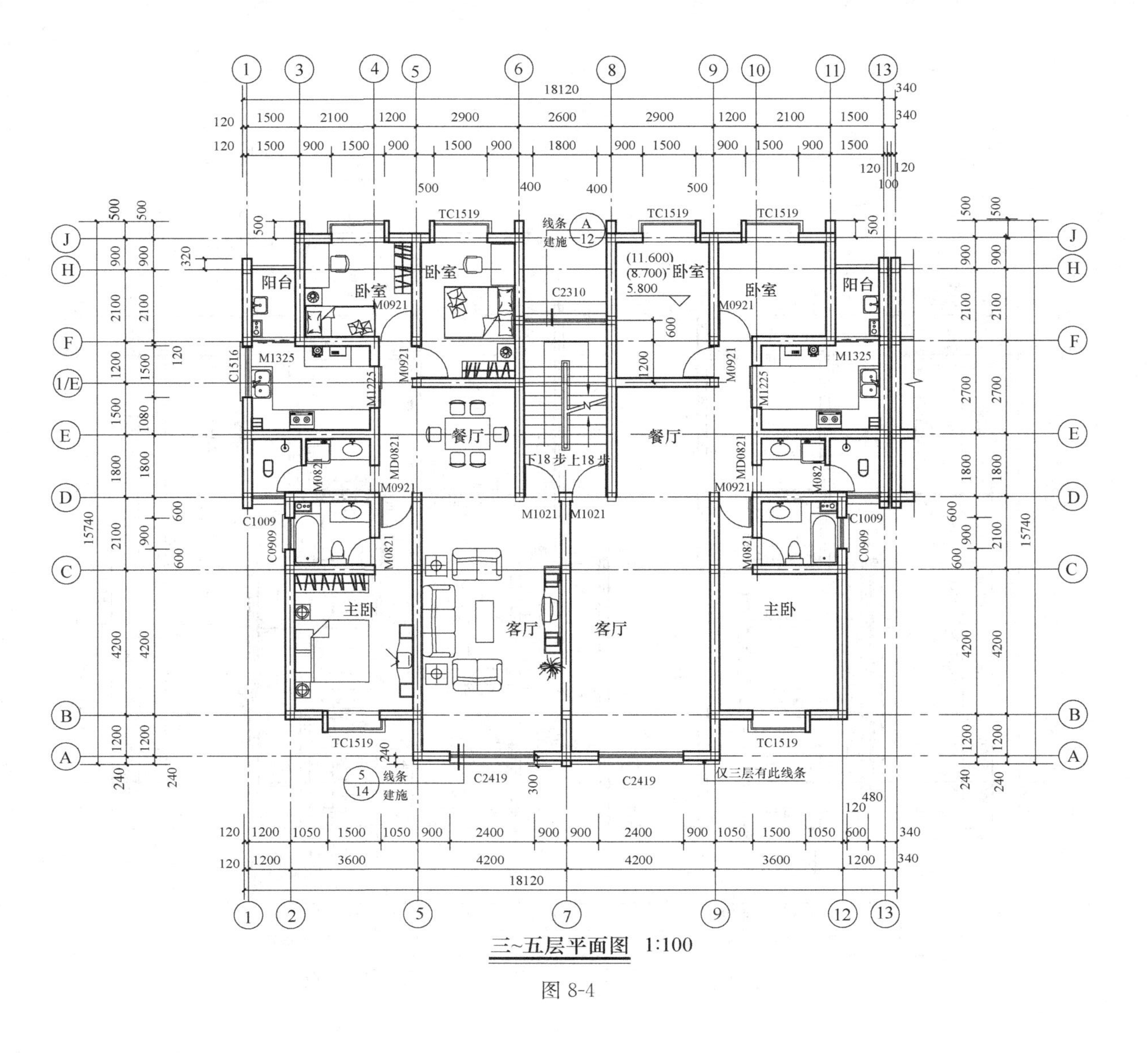

三~五层平面图 1:100

图 8-4

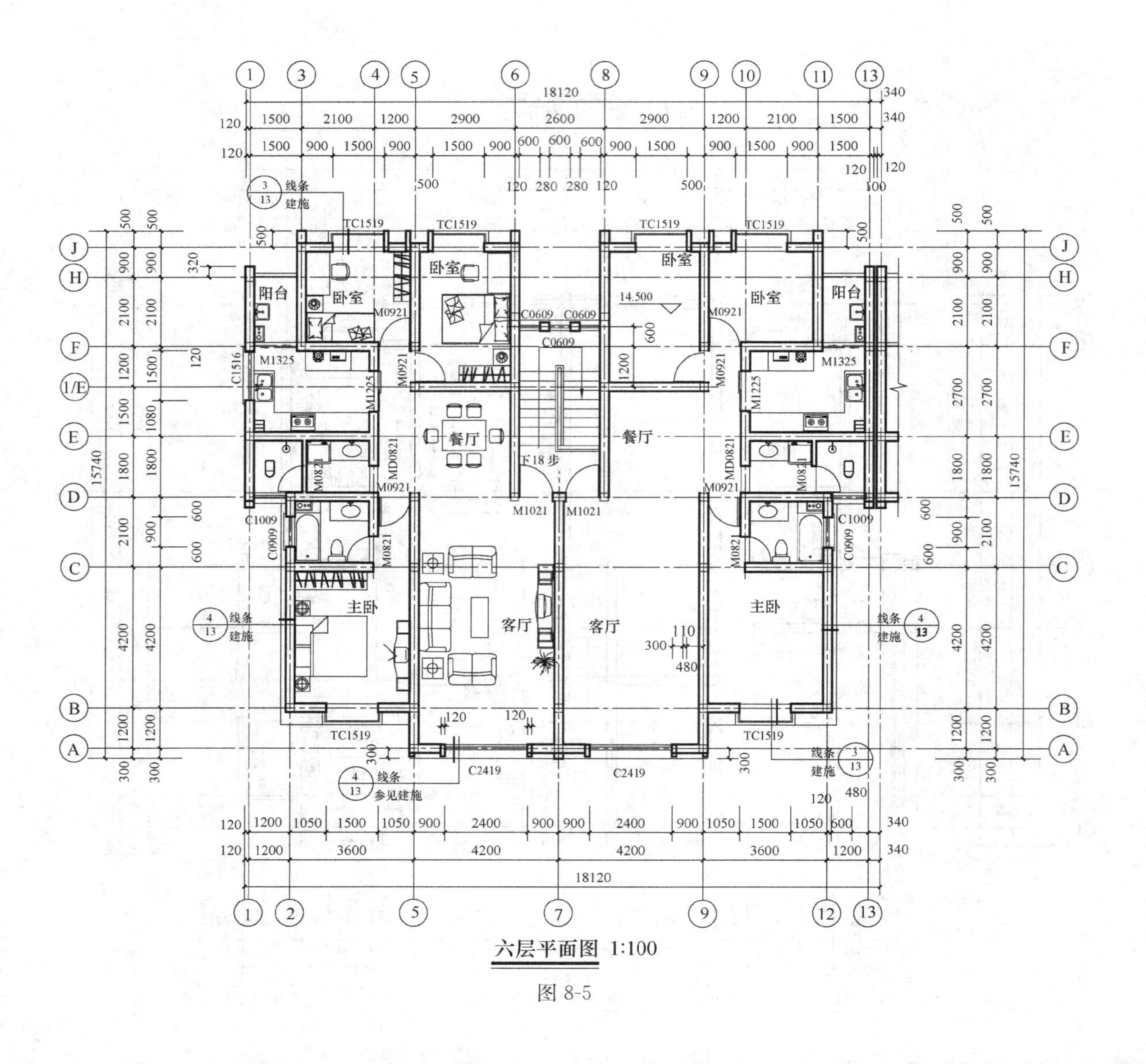

六层平面图 1:100

图 8-5

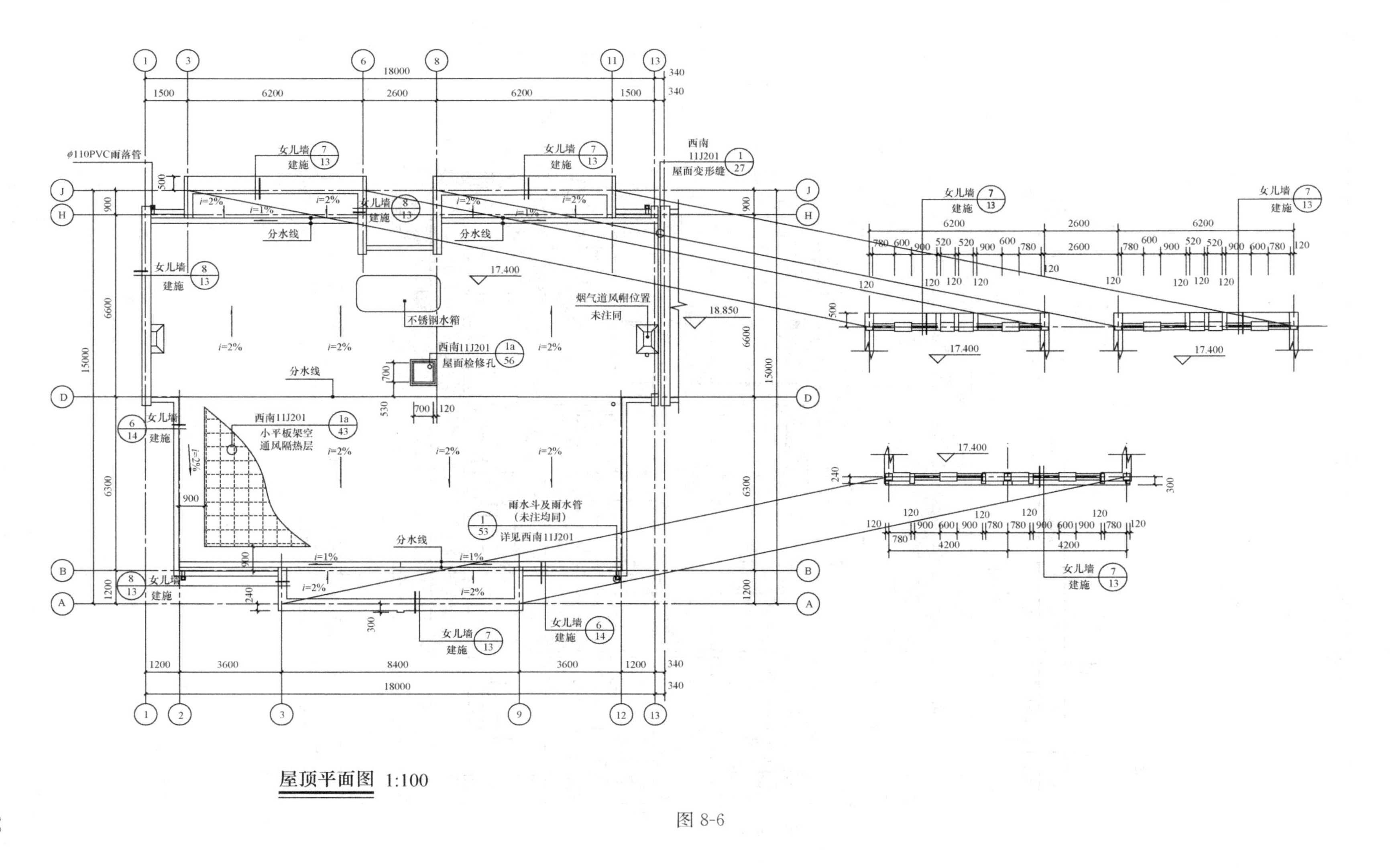

屋顶平面图 1:100
18000
1500
6200
2600
6200
1500
340
1200
3600
8400
3600
1200
15000
900
6600
6300
1200
φ110PVC雨落管
女儿墙 7/13 建施
女儿墙 8/13 建施
女儿墙 6/14 建施
西南 11J201 1/27 屋面变形缝
分水线
17.400
18.850
不锈钢水箱
烟气道风帽位置 未注同
西南11J201 1a/56 屋面检修孔
西南11J201 1a/43 小平板架空 通风隔热层
雨水斗及雨水管 (未注均同) 1/53 详见西南11J201
i=2%
i=1%
700
120
530
900
500
240
300
780
600
520
4200

图 8-6

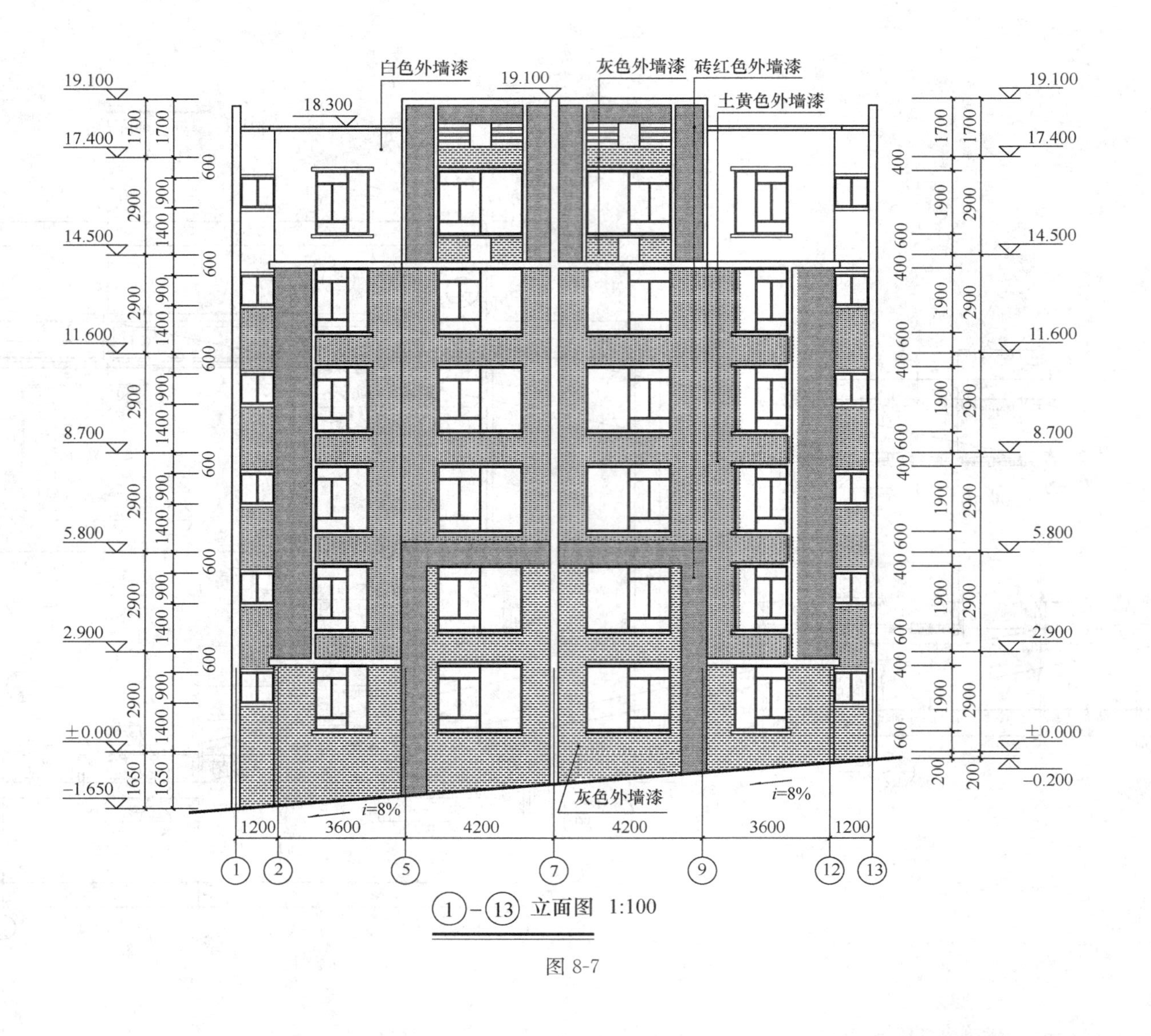

白色外墙漆
19.100
灰色外墙漆
砖红色外墙漆
土黄色外墙漆
18.300
17.400
14.500
11.600
8.700
5.800
2.900
±0.000
-1.650
-0.200
i=8%
灰色外墙漆
1200
3600
4200
4200
3600
1200
①-⑬立面图 1:100

图 8-7

⑬-① 立面图 1:100

图 8-8

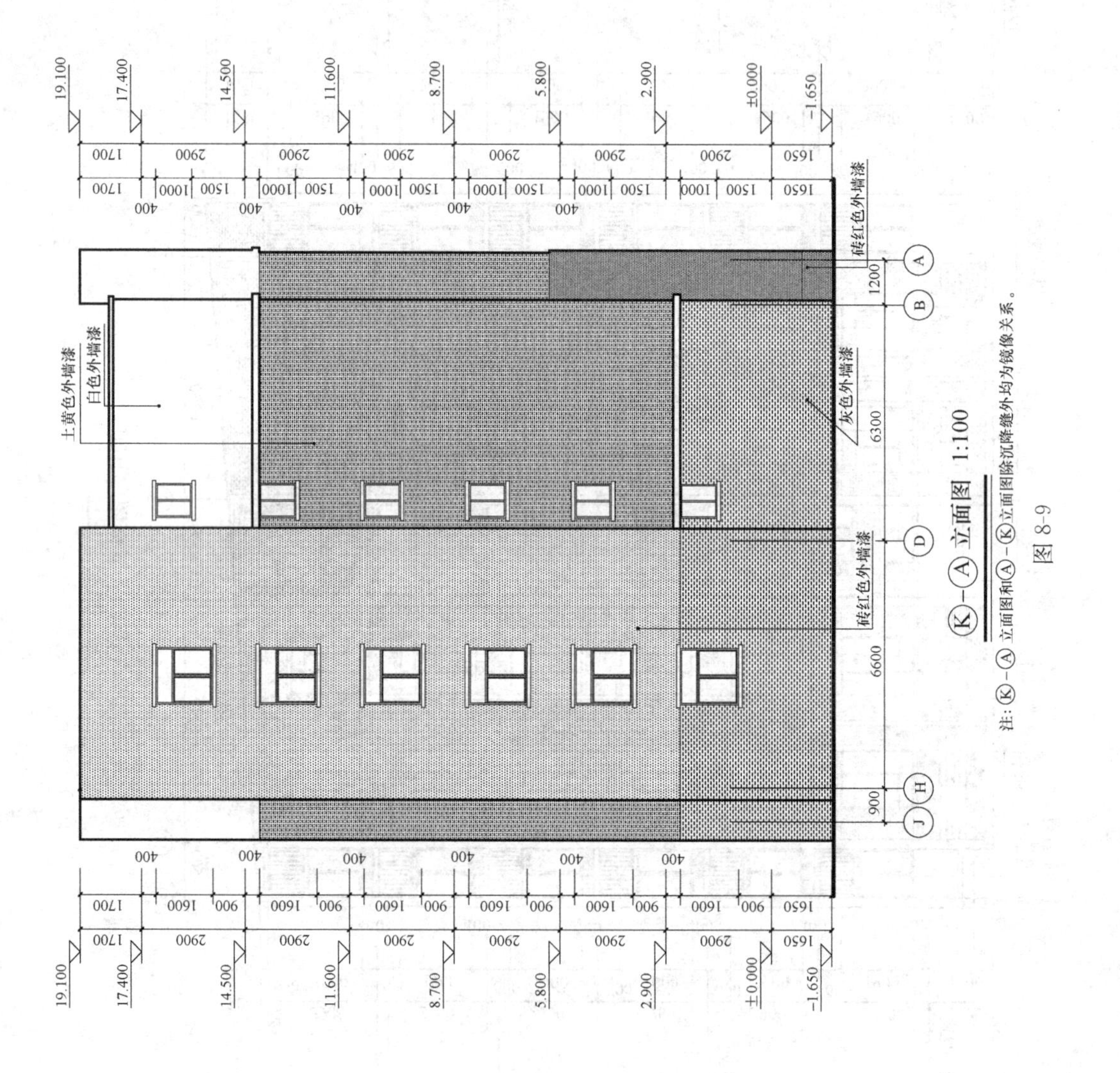

Ⓚ-Ⓐ立面图 1:100

注：Ⓚ-Ⓐ立面图和Ⓐ-Ⓚ立面图除沉降缝外均为镜像关系。

图 8-9

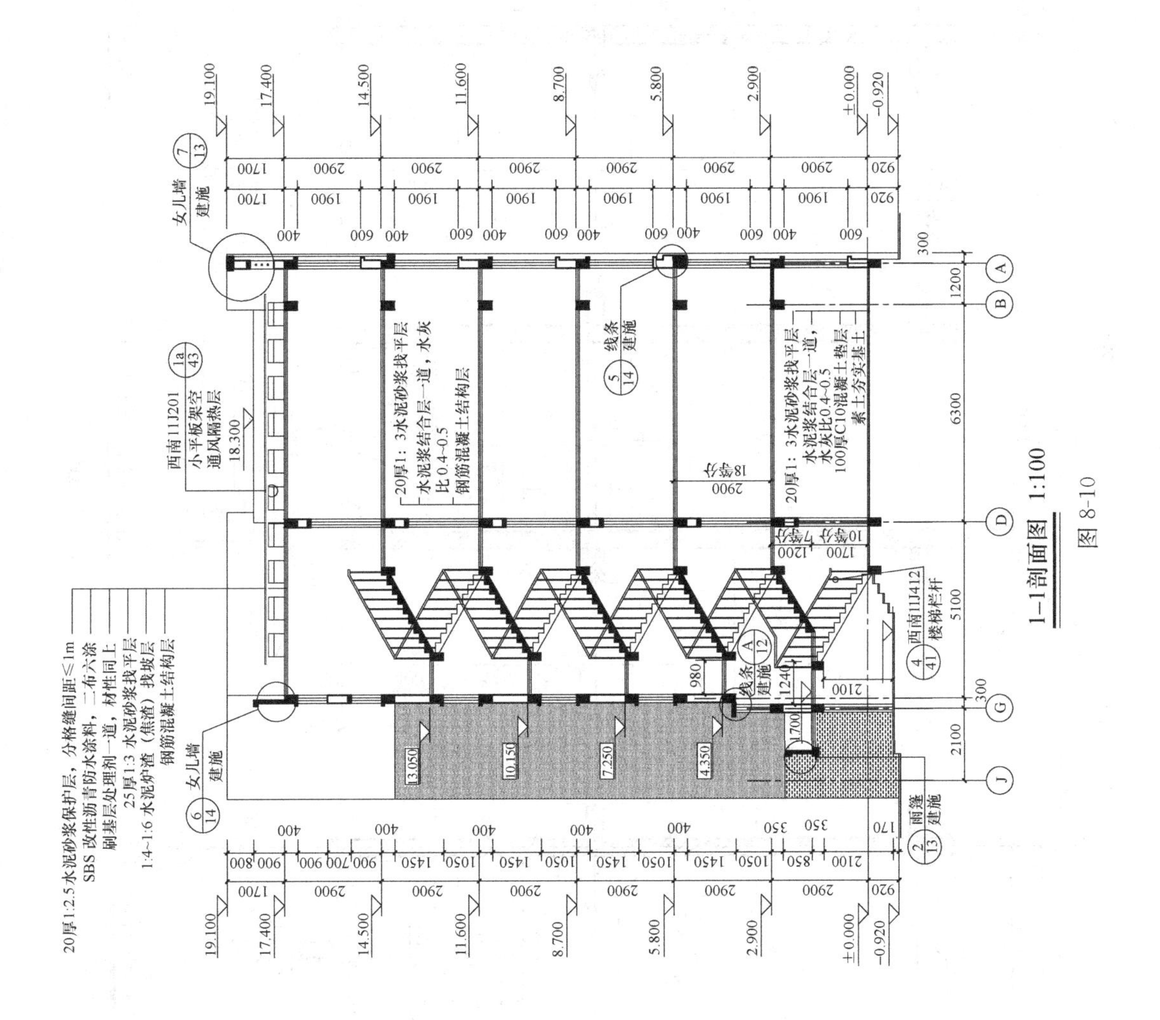

1-1剖面图 1:100

图 8-10

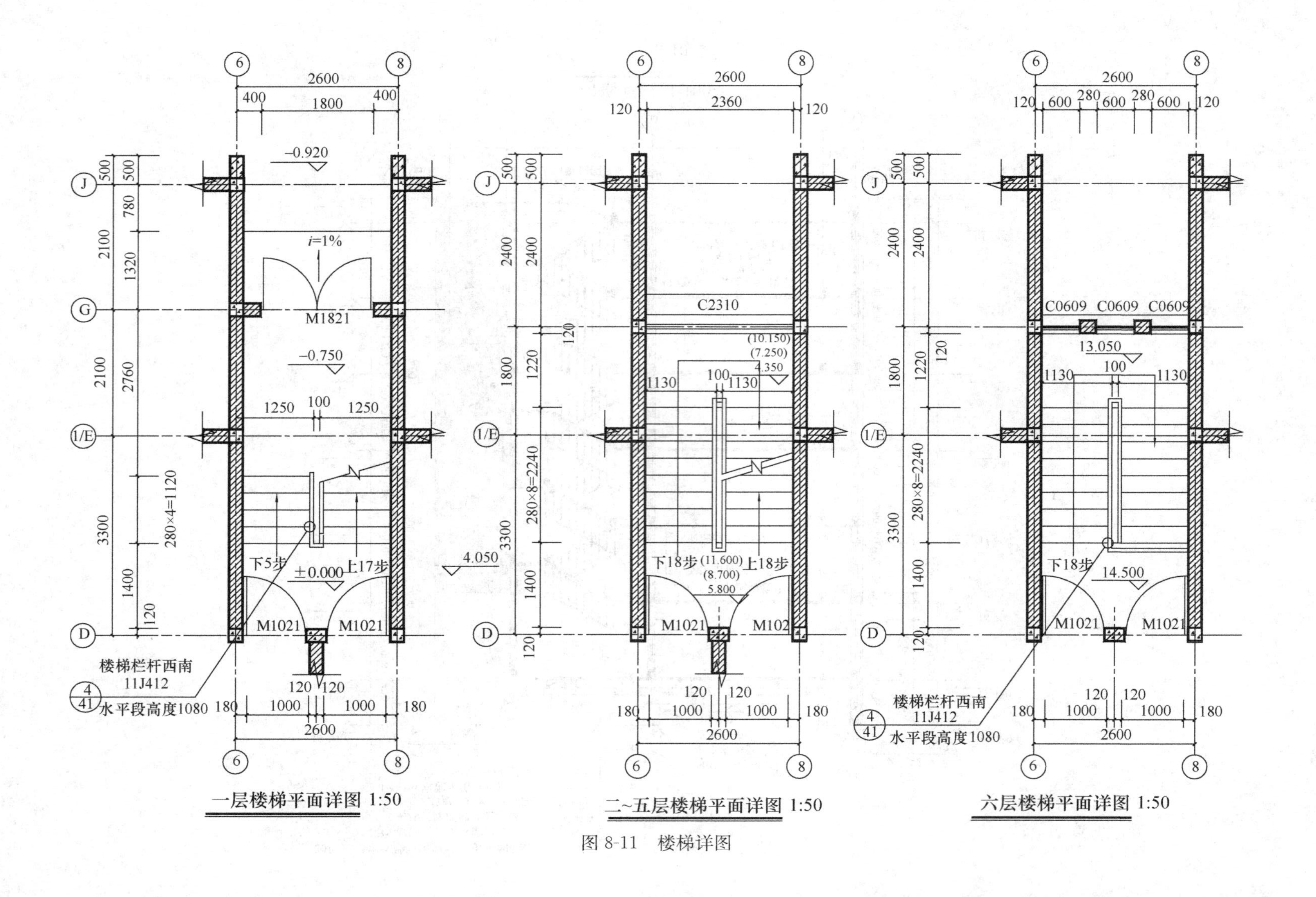

楼梯栏杆西南
11J412
水平段高度1080
M1821
M1021
C2310
C0609
下5步
上17步
下18步
上18步
i=1%
-0.920
-0.750
±0.000
4.050
(10.150)
(7.250)
4.350
(11.600)
(8.700)
5.800
13.050
14.500
280×4=1120
280×8=2240
一层楼梯平面详图 1:50
二~五层楼梯平面详图 1:50
六层楼梯平面详图 1:50

图 8-11　楼梯详图

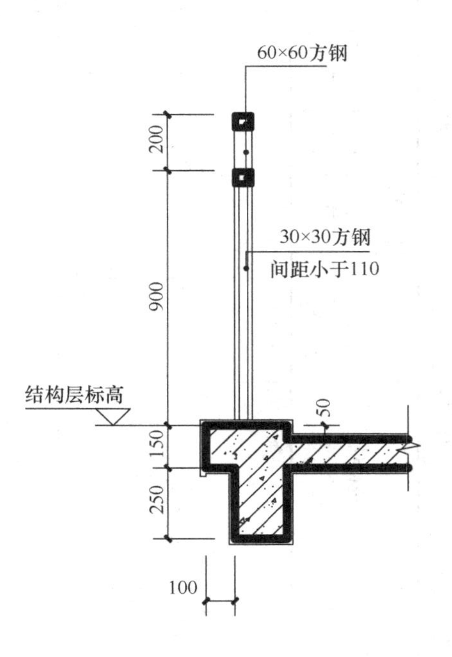
60×60方钢
30×30方钢
间距小于110
结构层标高
200
900
150
250
50
100
① 栏杆大样 1:20

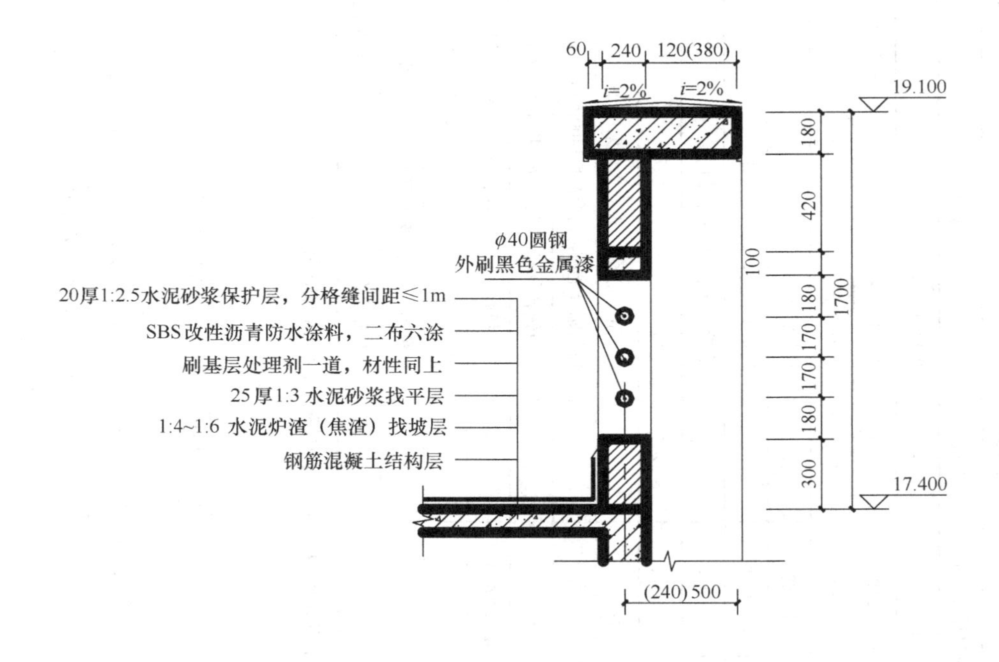
60
240
120(380)
i=2%
i=2%
19.100
17.400
180
420
180
170
170
180
300
1700
100
(240) 500
φ40圆钢
外刷黑色金属漆
20厚1:2.5水泥砂浆保护层，分格缝间距≤1m
SBS改性沥青防水涂料，二布六涂
刷基层处理剂一道，材性同上
25厚1:3 水泥砂浆找平层
1:4~1:6 水泥炉渣（焦渣）找坡层
钢筋混凝土结构层
⑦ 女儿墙大样 1:20

图 8-12　大样图

门窗表　　表 8-1

类型	设计编号	洞口尺寸(mm)	数量	备注
门	M0821	800×2100	24	用户自定义
	M0921	900×2100	36	用户自定义
	M1021	1000×2100	12	入户防盗门
	M1225	1200×2500	12	用户自定义
	M1325	1260×2500	12	玻璃推拉门，做法见大样
	M1821	1800×2100	1	单元入口电子呼叫防盗门
门洞	MD0821	800×2100	12	门洞
窗	C0609	600×900	6	白色铝合金窗， 窗台高度见1-1剖面，做法见大样
	C0909	900×900	12	白色铝合金窗，窗台高度1400mm，做法见大样
	C1009	960×900	12	白色铝合金窗，窗台高度1400mm，做法见大样
	C1516	1500×1600	6	白色铝合金窗，窗台高度900mm，做法见大样
	C2310	2360×1050	4	白色铝合金窗，窗台高度见1-1剖面，做法见大样
	C3019	3000×1900	12	白色铝合金窗，窗台高度600mm，做法见大样
凸窗	TC1519	1500×1900	36	白色铝合金窗，窗台高度600mm，做法见大样

注：凡窗台高度低于900mm的外窗室内均加设1050mm高方管制防护栏杆，刷白色油漆。

8.1.3 规范与依据

《建筑制图标准》GB/T 50104—2010 及上机绘图专用周任务书。

8.1.4 项目小结

前面模块介绍了采用 AutoCAD 绘制建筑施工图的命令和方法。本节以绘制某住宅的全套建筑施工图为驱动任务，综合应用前面所学的知识点，将理论知识与生产实践相结合，培养动手能力。

8.1.5 项目任务评价表

项目名称：绘制住宅建筑施工图　　学号：________　　姓名：________

评价项目	评价标准	评价依据	评价方式			权重	得分小计	总分
			自评	互评	教师评价			
			20(分)	20(分)	60(分)			
职业素质	1. 按时完成项目； 2. 完成项目时遵守纪律； 3. 积极主动、勤学好问； 4. 组织协调能力（用于分组教学）	学习表现				0.2		
专业能力	1. 完成项目成果的可用性； 2. 完成项目成果的美观性	1. 作业完成情况； 2. 实训项目完成情况记录				0.7		

续表

<table>
<tr><td rowspan="3">评价项目</td><td rowspan="3">评价标准</td><td rowspan="3">评价依据</td><td colspan="3">评价方式</td><td rowspan="3">权重</td><td rowspan="3">得分小计</td><td rowspan="3">总分</td></tr>
<tr><td>自评</td><td>互评</td><td>教师评价</td></tr>
<tr><td>20(分)</td><td>20(分)</td><td>60(分)</td></tr>
<tr><td>安全及环保意识</td><td>1. 按要求使用计算机；
2. 按要求正确开、关计算机；
3. 实训结束按要求将凳子摆放整齐；
4. 爱护机房环境卫生</td><td>操作表现</td><td></td><td></td><td></td><td>0.1</td><td></td><td></td></tr>
<tr><td>教师综合评价</td><td colspan="8">指导老师签名：　　　　　　日期：</td></tr>
</table>

注：将各项目考核得分按照各项目课时所占本门课程的比重折算到学生综合考核评价表中，可得出该生在整门课程的考核成绩。

8.2 绘制综合楼建筑施工图

8.2.1 目的与要求

本模块以某综合楼的建筑施工图为项目任务，通过本模块的系统训练，绘制出 8.2.2 节要求的内容，掌握 AutoCAD 软件绘制建筑施工图的常规方法和作图技巧。

8.2.2 上机任务

8.2.2.1 写出设计说明

一、设计依据

1. 建设单位提供的总用地图及相关资料。

2. 国家现行的相关规范、规定、标准及工程建设强制性条文。

①《建筑设计防火规范》GB 50016—2006

②《民用建筑设计通则》GB 50352—2005

③《中小学设计规范》GB 50099—2011

④《建筑物无障碍设计规范》JGJ 50—2012

⑤《屋面工程技术设计规范》GB 50345—2012

⑥《云南省民用建筑节能设计标准》DBJ 53/T—39—2011

⑦其他现行的国家及地方有关规范、标准、规程、规定

二、工程设计项目概况

1. 本工程拟建于某县某乡，用地现状为平地。

2. 建设规模：

总建筑面积为1249.50m^2；

总建筑占地面积为416.5m^2。

3. 按建筑抗震设防分类，建筑类别为重点设防类；建筑耐火等级为二级。

4. 建筑结构类别：框架结构。

5. 建筑高度为12.15m。室内外高差为0.45m。

6. 以主体结构确定的设计使用年限50年。

7. 建筑物抗震设防烈度8度。

8. 建筑物屋面防水等级：Ⅱ级。

三、总平面

1. 图中±0.00暂定为现有地坪上0.45m。

2. 本工程室内外高差0.45m。

3. 本设计除竖向标高及总图尺寸以米（m）为单位外，其余尺寸均以毫米（mm）为单位。

4. 施工图中的标高均为结构完成面标高。

四、主要建筑构造及建筑做法

1. 墙体

（1）本工程所有墙体采用200mm厚混凝土多孔砖。

（2）本工程墙体及砌筑砂浆标号详见结施图。

（3）墙体中300mm以下洞口，建施图均未标注，施工时应与有关工种配合施工留洞。

2. 地面工程及室内各部位防水

（1）本工程地面，按“装修材料表”要求施工。

（2）教学楼外走廊：找坡1%坡向地漏或泄水管，找坡材料为1∶2.5水泥砂浆，防水层采用改性沥青涂膜防水层，厚度≥3mm，上翻300mm。

3. 门窗

（1）本工程除注明者外，外门窗、内门窗均居中立樘。

（2）窗为铝合金窗，铝合金门窗型材及安装应符合《塑钢门窗》88J13—1的要求，并按要求配齐五金配件。塑钢门主要结构型材壁厚应不小于3.0mm，铝合金窗主要结构型材壁厚应不小于2.0mm。面积大于1.5m^2的单块玻璃必须选用安全玻璃（夹层或钢化玻璃）。

五、节能设计

1. 本工程位于某省内，属温和气候地区。

2. 主要立面坐北朝南，主要房间均能自然通风采光，四季温差较小，主导风为西南风。本建筑不考虑供暖和空调装置。

3. 本工程体形规整，日照、通风、采光良好，综合窗墙比值均小于0.70。

4. 外墙采用大面积浅色外墙涂料饰面，墙体用混凝土多孔砖，传热系数小于1.5kW/(m^2·K)，屋面传热系数小于0.9kW/(m^2·K)。

5. 外窗可开启面积不小于窗面积的40%窗户的气密性不低于现行国家标准《建筑外窗空气渗透性能升级及其检验方法》GB 7107规定的5级水平。

6. 采用节水型卫生洁具；室外等公共部位，选用节能灯具和节能开关。

六、屋面工程

1. 本工程的屋面防水等级为Ⅱ级，做法详见剖面图标注。

2. 屋面排水组织详见各层平面图，屋面找坡为结构找坡，具体做法详见技术措施说明；雨水管采用UPVC排水管，除图中另有注明者外。

3. 应严格按照有关规范所确定的施工程序施工，并结合产品说明书，由获得资格证书的专业施工人员进行操作。

4. 防水层做好后，应注意保护，防水试验合格后方可进行下一道工序的施工。

5. 屋面雨水管做法详见西南11J201/P53的1大样图，屋面雨水管参见水施图。

6. 屋面雨水口做法详见西南11J201/P51的1a大样图，屋面雨水管参见水施图。

7. 屋面泛水做法详见西南11J201/P26的1大样图。

8. 屋面出入水口做法详见西南11J201/P55的1大样图。

七、消防设计

1. 本工程根据《建筑设计防火规范》GB 50016—2006进行消防设计。

建筑耐火等级为二级。

2. 本工程总建筑面积1249.50m^2，分为一个防火分区。

3. 建筑地上三层，设两部疏散楼梯，疏散净宽为3.1m，疏散外走道净长42.1m，净宽2.1m；疏散宽度、安全出口间距均满足规范要求。

4. 楼层最大的使用人数126人。

5. 消防车道宽4m，转弯半径9m。

八、无障碍设计

无障碍采用1∶12坡道，做法详见西南11J812/P6的A大样图，坡道扶手详见西南11J812/P81的大样图。

九、其他

1. 本工程其他设备专业预埋件、预留孔洞位置、尺寸，详见各专业图纸。材料如有破损，必须修补完后再进行下一道工序。

2. 各部位防水材料铺置后必须采取保护措施，以防破坏。

3. 本工程所有露明铁件处均涂红丹或防锈漆一道，树脂型调和漆两道。预埋木砖、铁件等均需做防腐、防锈处理。

4. 本工程所采用的建筑制品及建筑材料应有国家或地方有关部门颁发的生产许可证及质量检验证明，材料的品种、规格、性能等应符合国家或行业相关质量标准。施工过程中，主要材料、设备代换，需经业主、设计、监理三方同意。

5. 本施工图未尽事项，请按国家有关规范施工。

6. 所有窗台低于900mm的窗均设1100mm高护窗栏杆，做法详见西南11J412/P35相关做法，栏杆间距≤110mm。

8.2.2.2 绘制图形

1. 绘制一层平面图（图 8-13）
2. 绘制二层平面图（图 8-14）
3. 绘制三层平面图（图 8-15）
4. 绘制屋顶平面图（图 8-16）
5. 绘制①-⑩轴立面图（图 8-17）
6. 绘制⑩-①轴立面图（图 8-18）
7. 绘制Ⓐ-Ⓓ轴立面图（图 8-19）
8. 绘制Ⓓ-Ⓐ轴立面图（图 8-20）
9. 绘制 1-1 剖面图（图 8-21）
10. 绘制楼梯大样图（图 8-22）
11. 绘制科学教室大样图（图 8-23）
12. 绘制计算机教室大样图（图 8-24）
13. 绘制普通教室大样图（图 8-25）
14. 绘制门窗表（表 8-2）
15. 绘制材料做法表（表 8-3）

8.2.3 规范与依据

《建筑制图标准》GB/T 50104—2010 及上机绘图专用周任务书。

8.2.4 项目小结

前面模块介绍了采用 AutoCAD 绘制建筑施工图的命令和方法。本节以绘制某综合楼的全套建筑施工图为驱动任务，综合应用前面所学的知识点，将理论知识与生产实践相结合，培养动手能力。

8.2.5 项目任务评价表

项目名称：绘制综合楼建筑施工图　　学号：＿＿＿＿　　姓名：＿＿＿＿

评价项目	评价标准	评价依据	评价方式			权重	得分小计	总分
			自评	互评	教师评价			
			20(分)	20(分)	60(分)			
职业素质	1. 按时完成项目； 2. 完成项目时遵守纪律； 3. 积极主动、勤学好问； 4. 组织协调能力（用于分组教学）	学习表现				0.2		
专业能力	1. 完成项目成果的可用性； 2. 完成项目成果的美观性	1. 作业完成情况； 2. 实训项目完成情况记录				0.7		

续表

评价项目	评价标准	评价依据	评价方式			权重	得分小计	总分
			自评	互评	教师评价			
			20(分)	20(分)	60(分)			
安全及环保意识	1. 按要求使用计算机； 2. 按要求正确开、关计算机； 3. 实训结束按要求将凳子摆放整齐； 4. 爱护机房环境卫生	操作表现				0.1		
教师综合评价	指导老师签名：　　　　日期：							

注：将各项目考核得分按照各项目课时所占本门课程的比重折算到学生综合考核评价表中，可得出该生在整门课程的考核成绩。

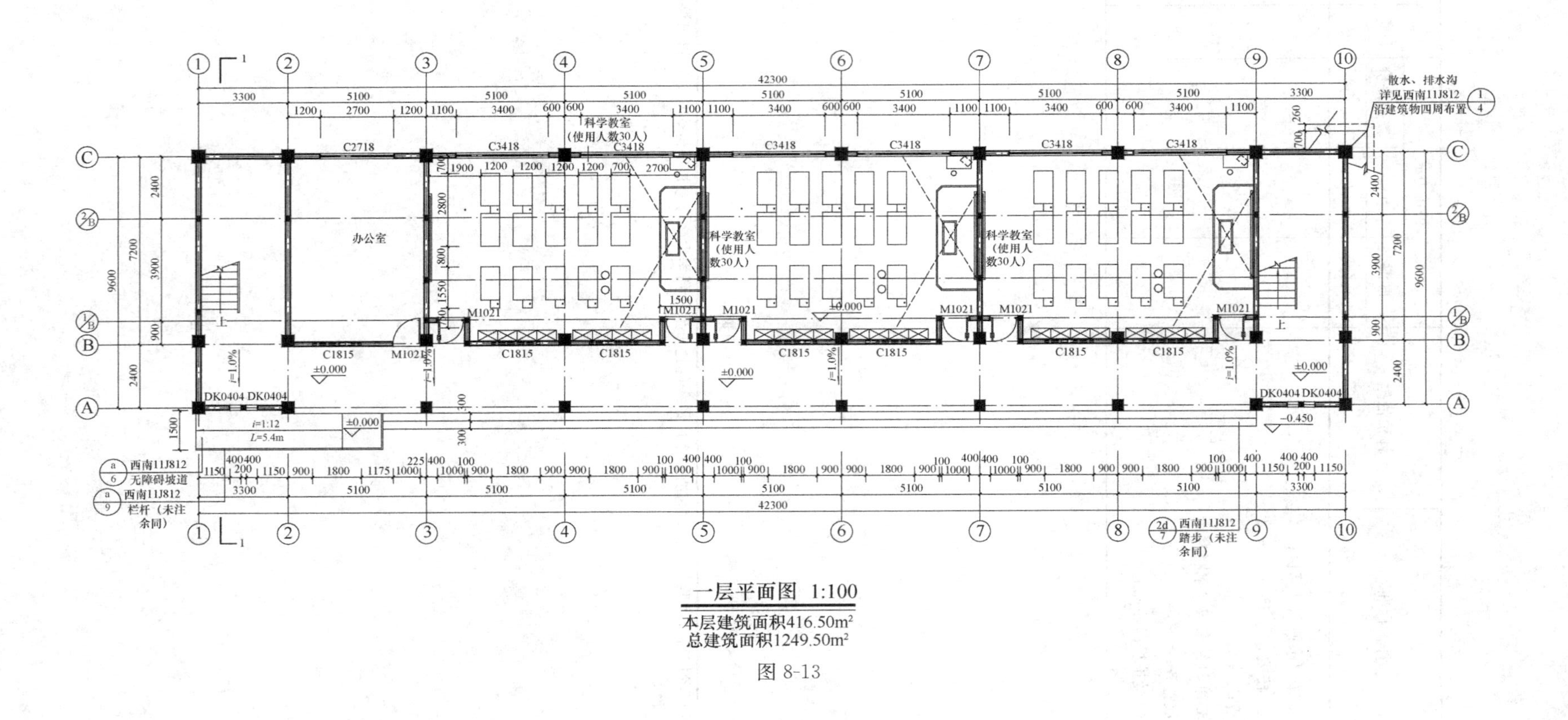

一层平面图 1:100

本层建筑面积416.50m²
总建筑面积1249.50m²

图 8-13

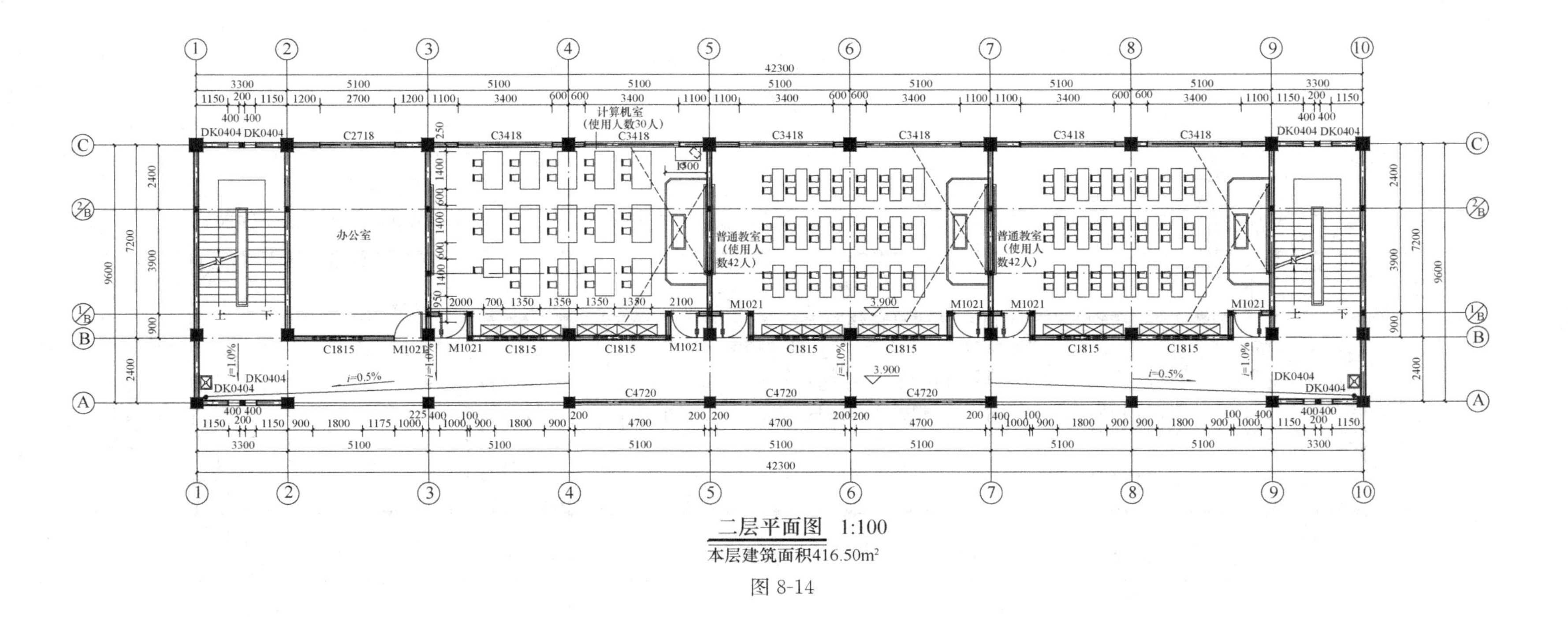

二层平面图 1:100

本层建筑面积416.50m²

图 8-14

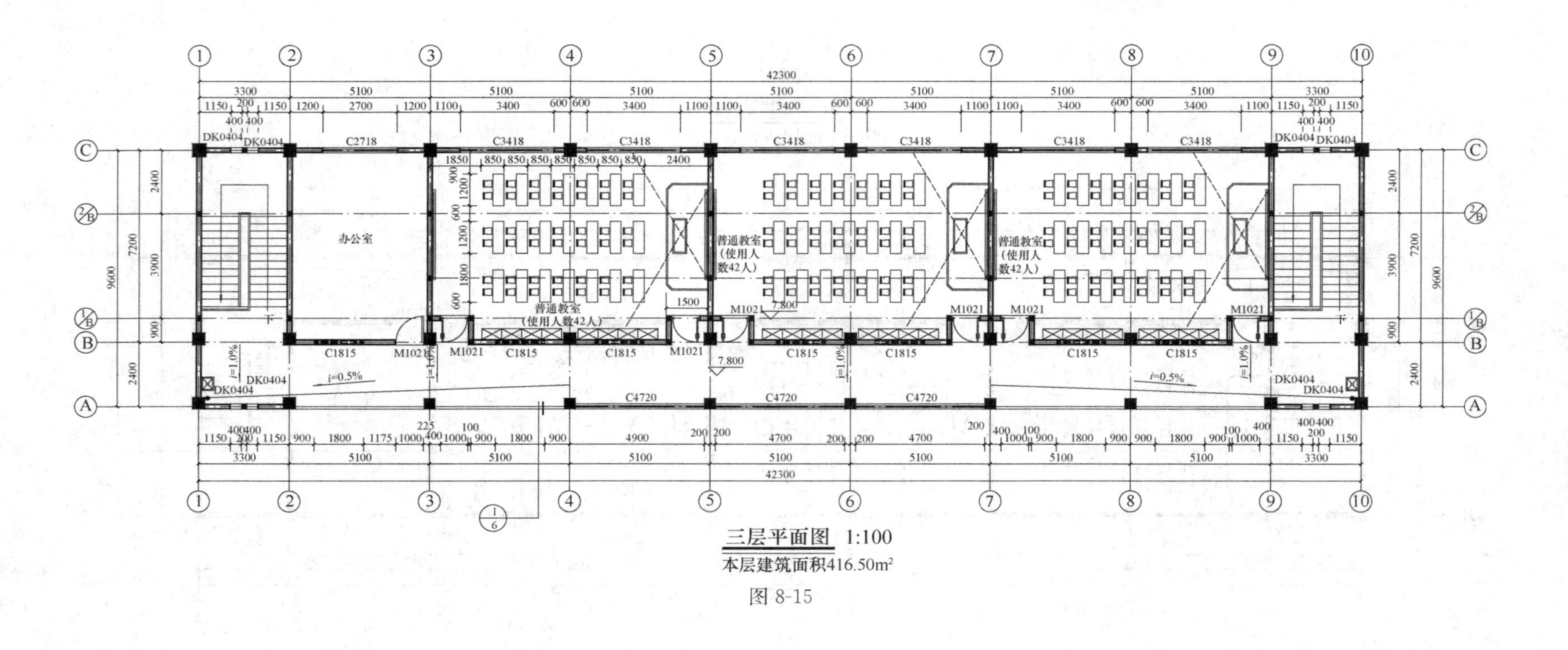

三层平面图 1:100
本层建筑面积416.50m²

图 8-15

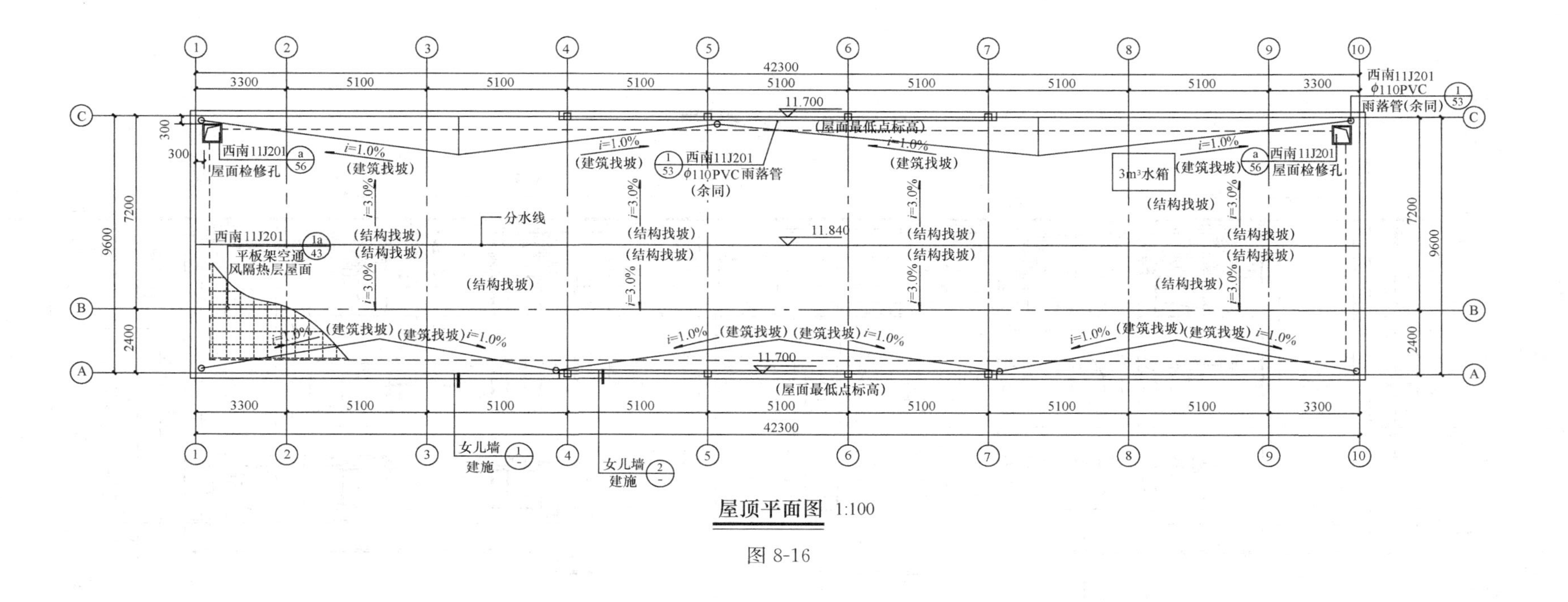

屋顶平面图 1:100

图 8-16

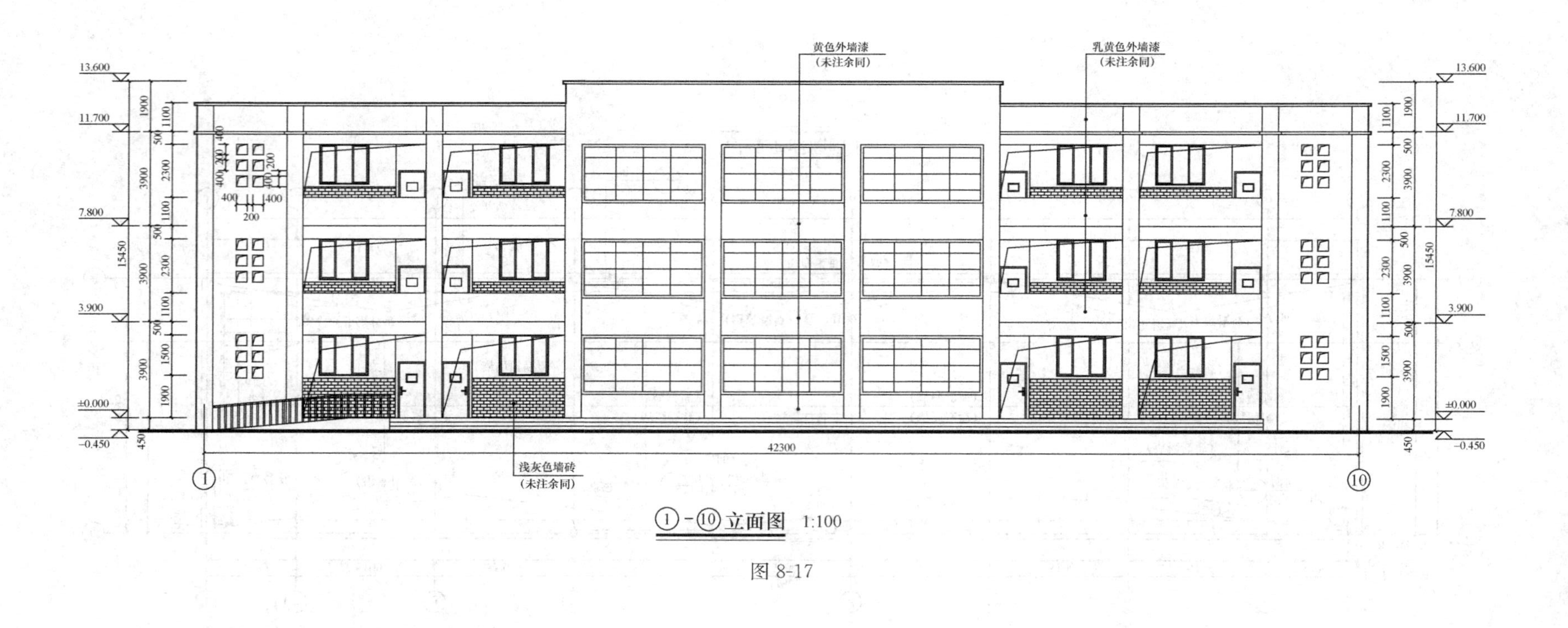

①-⑩立面图 1:100

图 8-17

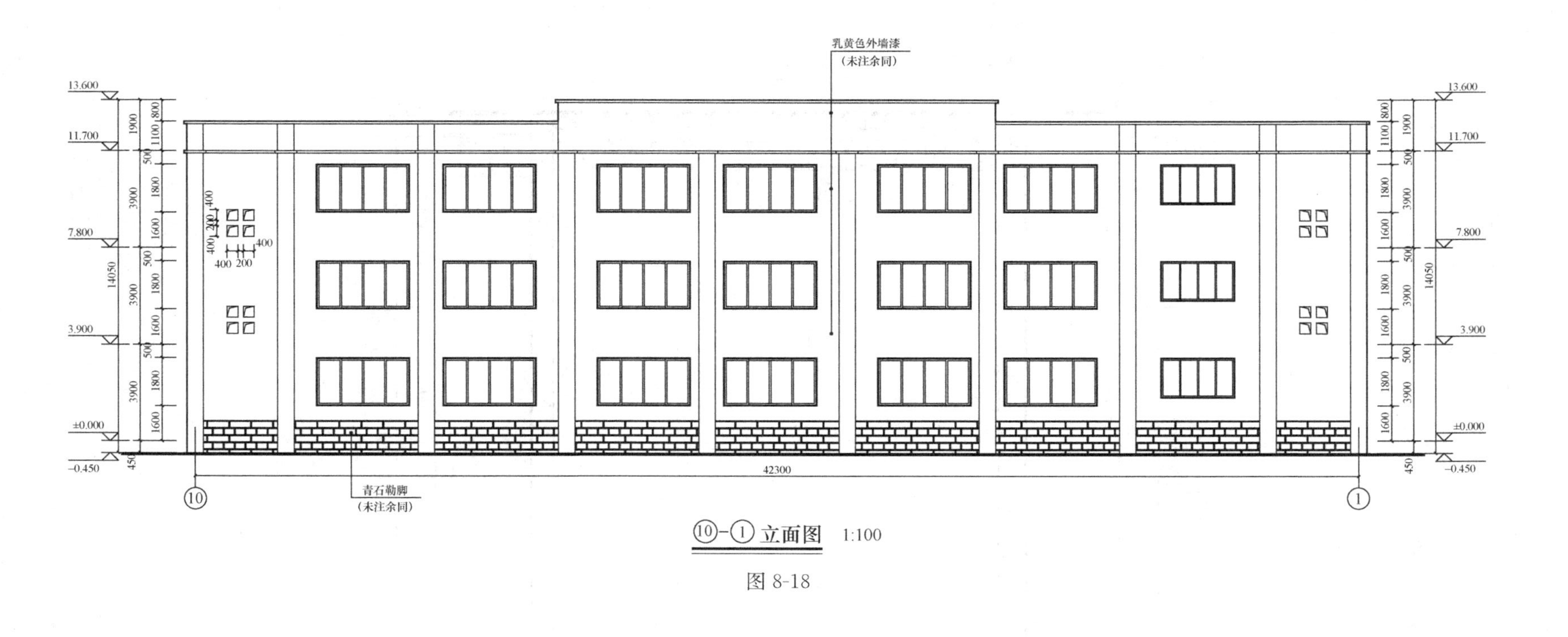

⑩-① 立面图 1:100

图 8-18

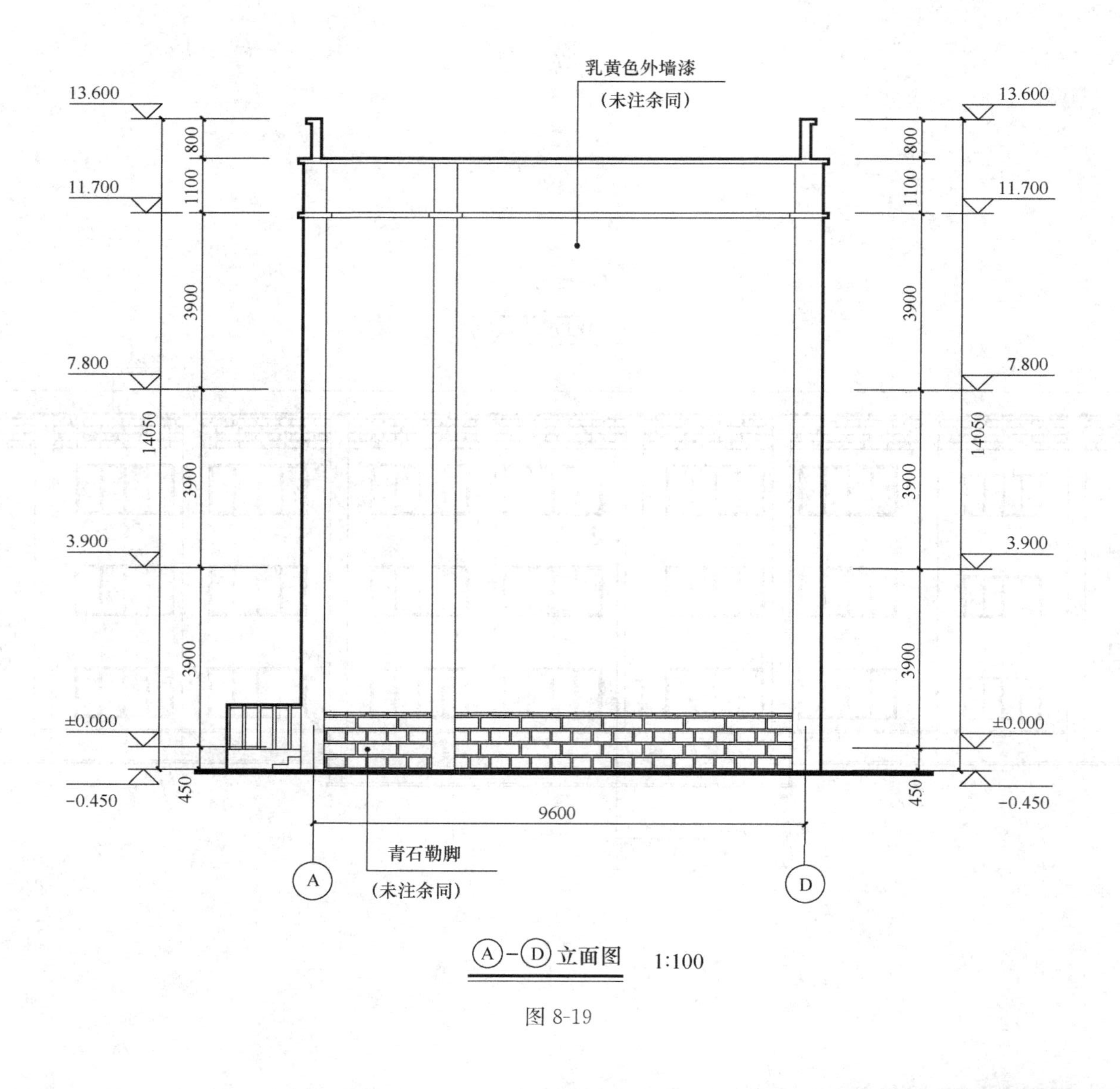

Ⓐ–Ⓓ立面图　1:100

图 8-19

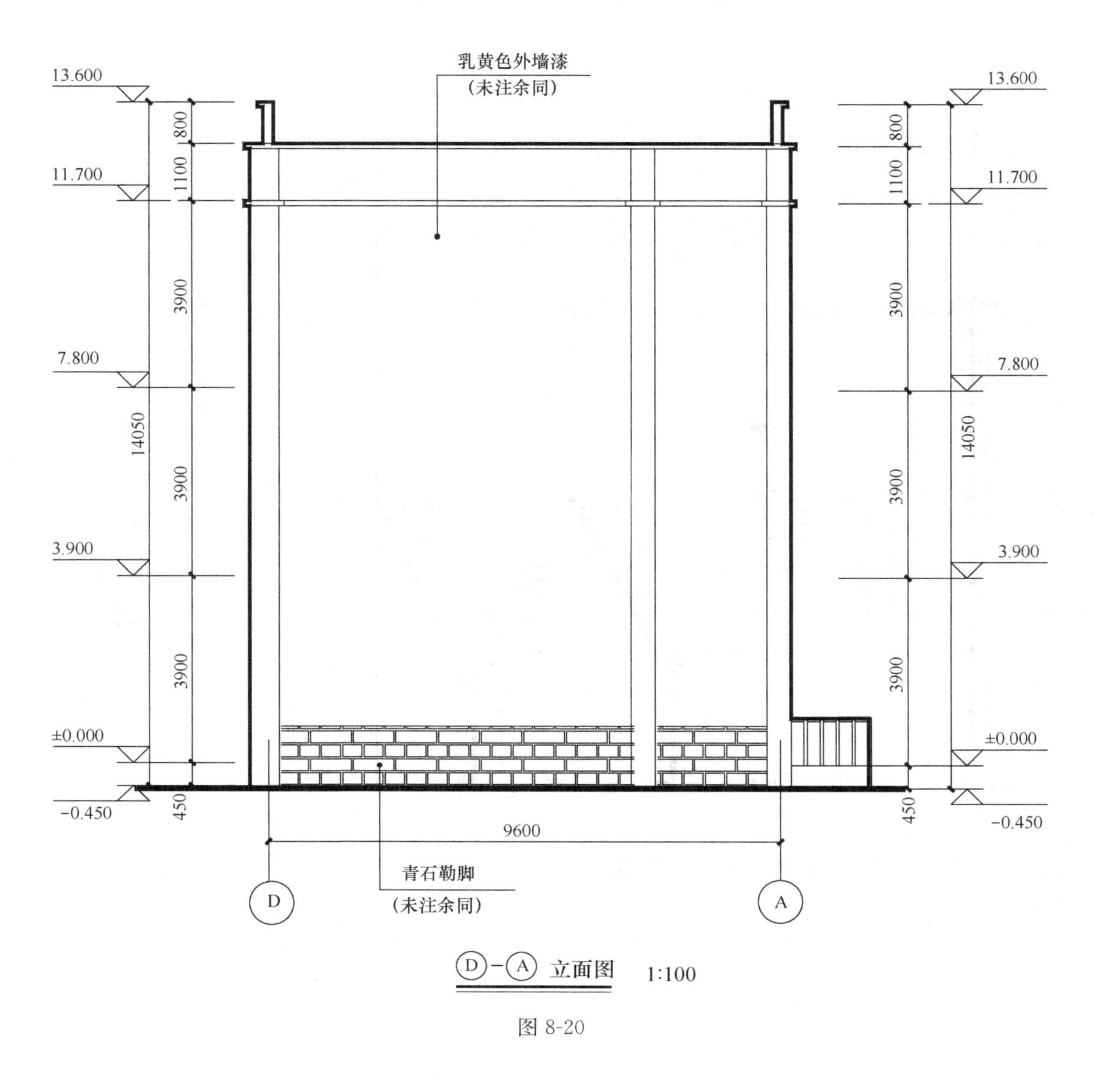

Ⓓ-Ⓐ 立面图 1:100

图 8-20

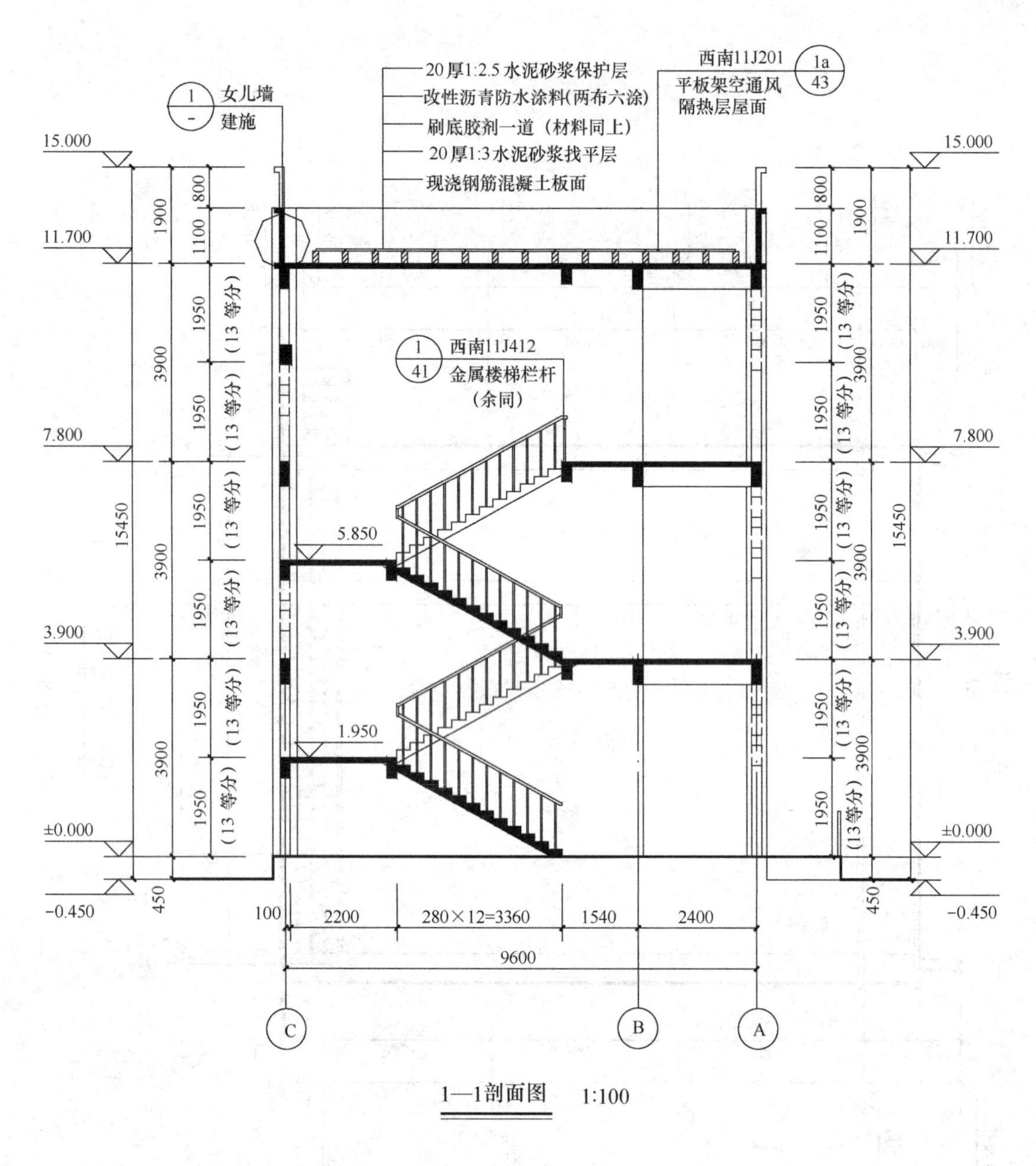

1—1剖面图　1:100

图 8-21

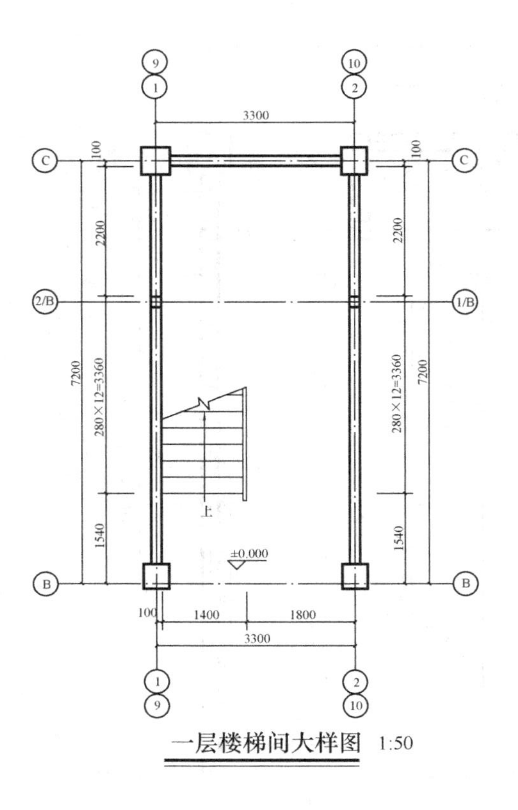

一层楼梯间大样图 1:50

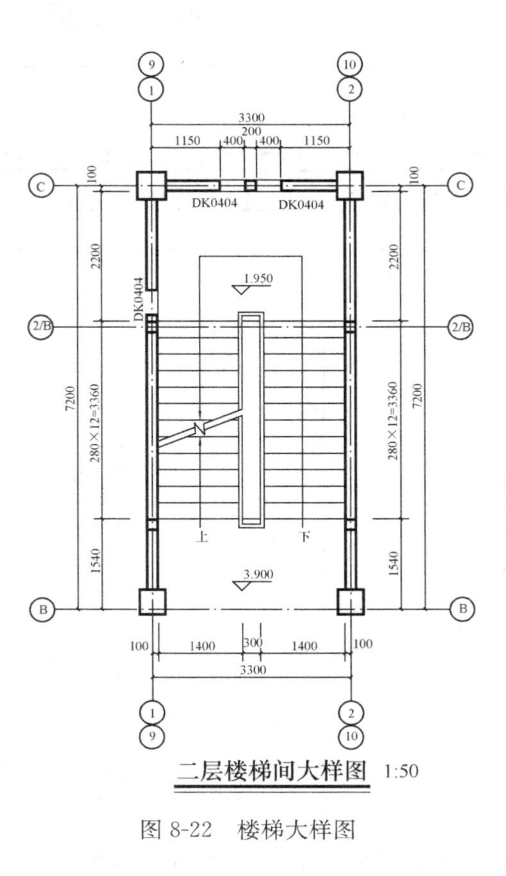

二层楼梯间大样图 1:50

图 8-22 楼梯大样图

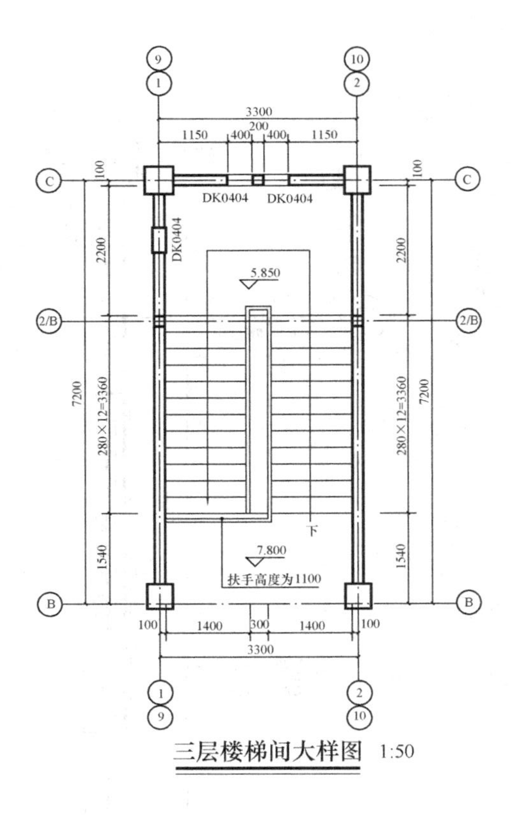

三层楼梯间大样图 1:50

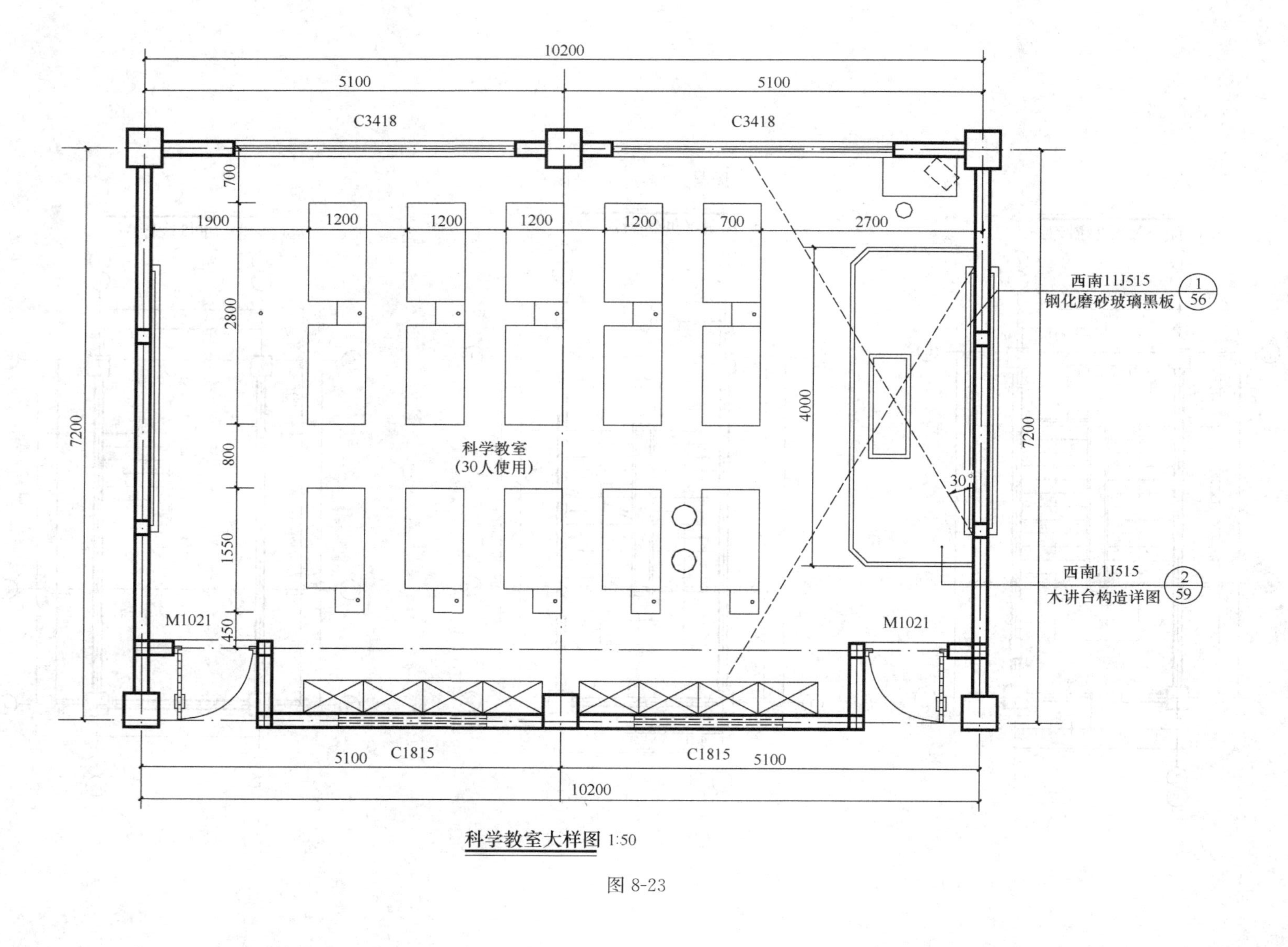

科学教室大样图 1:50

图 8-23

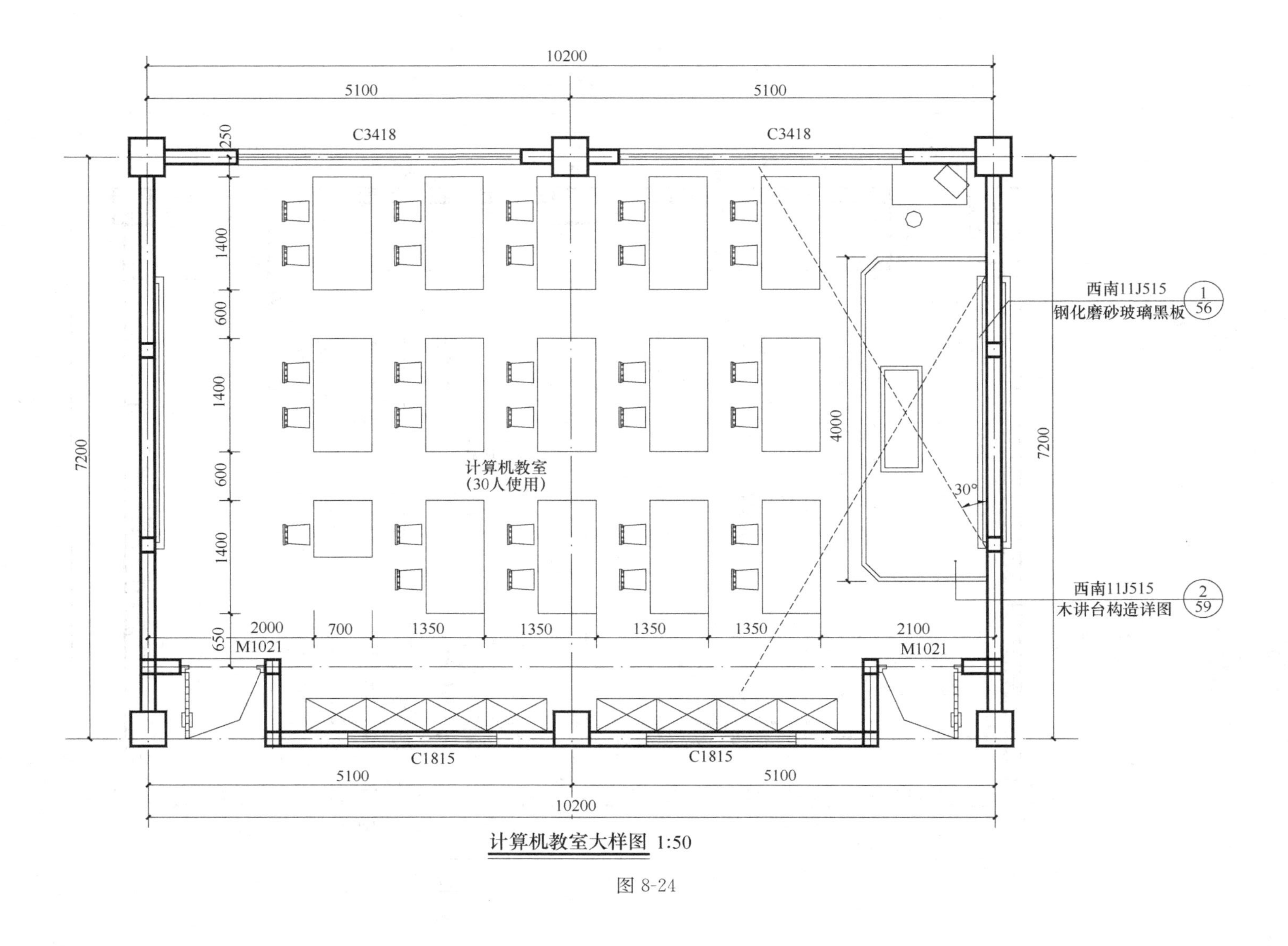

计算机教室大样图 1:50

图 8-24

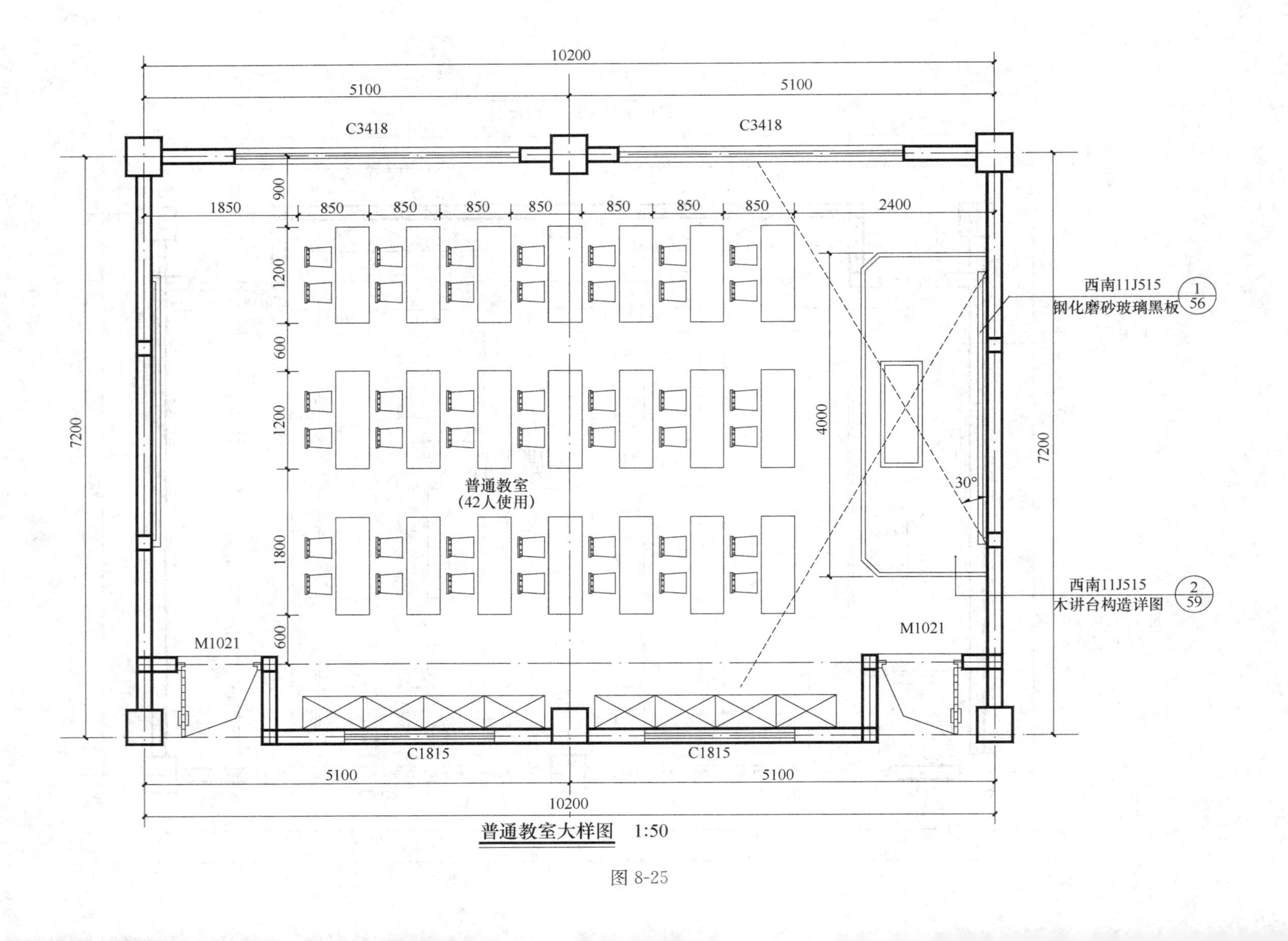

普通教室大样图 1:50

图 8-25

门窗表 **表 8-2**

类型	设计编号	洞口尺寸(mm)	数量	图集名称	备注
普通门	M1021	1000×2100	21	防盗门	
普通窗	C1815	1800×1500	21	白玻塑钢推拉窗	上至梁底
	C2718	2700×1800	3	白玻塑钢推拉窗	上至梁底
	C3418	3400×1800	18	白玻塑钢推拉窗	上至梁底
	C4720	4700×2000	6	白玻塑钢推拉窗	上至梁底
	DK0404	400×400	52	洞口	

材料做法表 **表 8-3**

项目	做法名称	适用范围	备注
墙体	加气混凝土砌块	所有外墙及内隔墙	厚度详见说明
外墙面	乳胶漆墙面	详立面图	西南11J516 91页 5312
	面砖饰面	详立面图	西南11J516 95页 5409
台阶	混凝土	所有室外台阶	西南11J812 7页 1C
散水	混凝土散水	建筑物室外周边	西南11J812 4页 1
排水沟	砖砌排水沟	建筑物室外周边	西南11J812 3页 2a
地面	地砖地面	除用水地方及未特别标注地面	西南11J312 12页 3121Da-1
	地砖地面	用水地方周围2m范围内	西南11J312 12页 3122Db-2
	防静电地面	计算机室所有地面	西南11J312 49页 3229Da
楼面	地砖楼面	除用水地方及未特别标注楼面	西南11J312 12页 3121L-1
	地砖楼面	用水地方周围2m范围内	西南11J312 12页 3122L-1
	防静电楼面	计算机室所有楼面	西南11J312 49页 3229L
踢脚	地砖踢脚板	除用水地方外所有地面	西南11J312 69页 4107T-a
	地砖踢脚板	用水房间	西南11J312 69页 4108T-a
墙裙	白瓷砖墙裙	走道（1.5m高）	西南11J515 23页 Q06
内墙面	混合砂浆刷乳胶漆墙面	除墙裙外所有墙面	西南11J515 7页 N09
	白瓷砖墙面	内墙面1.5m以下	西南11J515 8页 N10
顶棚	混合砂浆刷乳胶漆墙顶面	所有顶棚	西南11J515 32页 P08
油漆	油性调和漆	所有木门	西南11J312 79页 5102
	油性调和漆	楼梯栏杆等金属构件	西南11J312 80页 5113
屋面	柔性防水屋面		西南11J201 22页 2202

附录1 CAD常用命令

1. 热键

序号	快捷键	命令说明
1	Ctrl+N	建立新图（NEW命令）
2	Ctrl+O	打开旧图（OPEN命令）
3	Ctrl+S	快速存图（QSAVE命令）
4	Ctrl+P	打印图形（PLOT命令）
5	Ctrl+C	复制至剪贴板
6	Ctrl+V	从剪贴板粘贴

2. 控制键

序号	快捷键	命令说明
1	Enter键	结束命令，提示和数据的输入，将光标移到下一行头
2	Spacebar键	输入空格字符或结束命令和数据的输入
3	Esc键	用来退出对话框，中断命令和程序的执行
4	Tab键	用来顺序选择对话框内的构件，循环选择对象捕捉模式

3. 常用功能键

序号	快捷键	命令说明
1	F1键	用来弹出“Help”窗口
2	F2键	用来切换图形窗口和文本窗口
3	F3键	用来打开或关闭对象捕捉功能
4	F4键	数字化仪在图形输入板描图方式和屏幕指点方式之间的切换
5	F5键	在绘制等轴测图时轮流选择作图的左、右和顶面视图
6	F6键	控制状态行上光标当前位置坐标显示的跟踪状态
7	F7键	打开或关闭栅格显示
8	F8键	打开或关闭正交方式
9	F9键	打开或关闭网格捕捉方式
10	F10键	打开或关闭极轴追踪方式
11	F11键	打开或关闭对象追踪方式

4. 快捷键

序号	快捷键	命令说明
1	ALT+TK	快速选择
2	ALT+NL	线性标注

续表

序号	快捷键	命令说明
3	ALT+VV4	快速创建四个视口
4	ALT+MUP	提取轮廓
5	Ctrl+B	栅格捕捉模式控制（F9）
6	Ctrl+C	将选择的对象复制到剪切板上
7	Ctrl+F	控制是否实现对象自动捕捉（F3）
8	Ctrl+G	栅格显示模式控制（F7）
9	Ctrl+J	重复执行上一步命令
10	Ctrl+K	超级链接
11	Ctrl+N	新建图形文件
12	Ctrl+M	打开选项对话框
13	Ctrl+O	打开图像文件
14	Ctrl+P	打印当前图形
15	Ctrl+S	保存文件
16	Ctrl+U	打开或关闭极轴追踪方式（F10）
17	Ctrl+V	粘贴剪贴板上的内容
18	Ctrl+W	对象追踪式控制（F11）
19	Ctrl+X	剪切所选择的内容
20	Ctrl+Y	重做
21	Ctrl+Z	取消前一步的操作
22	Ctrl+1	打开特性对话框
23	Ctrl+2	打开图像资源管理器
24	Ctrl+3	打开工具选项板
25	Ctrl+6	打开图像数据原子
26	Ctrl+8 或 QC	快速计算器
27	双击中键	显示里面所有的图像

5. 尺寸标注

序号	快捷键	命令说明	序号	快捷键	命令说明
1	DLI	直线标注	8	TOL	标注形位公差
2	DAL	对齐标注	9	LE	快速引出标注
3	DRA	半径标注	10	DBA	基线标注
4	DDI	直径标注	11	DCO	连续标注
5	DAN	角度标注	12	D	标注样式
6	DCE	中心标注	13	DED	编辑标注
7	DOR	点标注	14	DOV	替换标注系统变量

6. 临时捕捉快捷命令

序号	快捷键	命 令 说 明	序号	快捷键	命 令 说 明
1	END	捕捉到端点	6	TAN	捕捉到切点
2	MID	捕捉到中点	7	PER	捕捉到垂足
3	INT	捕捉到交点	8	NOD	捕捉到节点
4	CEN	捕捉到圆心	9	NEA	捕捉到最近点
5	QUA	捕捉到象限点			

7. 基本快捷命令

序号	快捷键	命 令 说 明	序号	快捷键	命 令 说 明
1	AA	测量区域和周长（area）	12	SC	缩放比例（scale）
2	ID	指定坐标	13	SN	栅格捕捉模式设置（snap）
3	LI	指定集体（个体）的坐标	14	DT	文本的设置（dtext）
4	AL	对齐（align）	15	DI	测量两点间的距离
5	AR	阵列（array）	16	OI	插入外部对象
6	AP	加载 *.lsp 程序	17	RE	更新显示
7	AV	打开视图对话框（dsviewer）	18	RO	旋转
8	SE	打开对象自动捕捉对话框	19	LE	引线标注
9	ST	打开字体设置对话框（style）	20	ST	单行文本输入
10	SO	绘制二维面（2d solid）	21	La	图层管理器
11	SP	拼音的校核（spell）			

8. 对象特性

序号	快捷键	命 令 说 明	序号	快捷键	命 令 说 明
1	ADC	设计中心“Ctrl+2”	17	IMP	输入文件
2	CH	修改特性“Ctrl+1”	18	OP	自定义 CAD 设置
3	MA	属性匹配	19	PRINT	打印
4	ST	文字样式	20	PU	清除垃圾
5	COL	设置颜色	21	R	重新生成
6	LA	图层操作	22	REN	重命名
7	LT	线形	23	SN	捕捉栅格
8	LTS	线形比例	24	DS	设置极轴追踪
9	LW	线宽	25	OS	设置捕捉模式
10	UN	图形单位	26	PRE	打印预览
11	ATT	属性定义	27	TO	工具栏
12	ATE	编辑属性	28	V	命名视图
13	BO	边界创建，包括创建闭合多段线和面域	29	AA	面积
14	AL	对齐	30	DI	距离
15	EXIT	退出	31	LI	显示图形数据信息
16	EXP	输出其他格式文件			

9. 绘图命令

序号	快捷键	命 令 说 明	序号	快捷键	命 令 说 明
1	PO	点	11	DO	圆环
2	L	直线	12	EL	椭圆
3	XL	射线	13	REG	面域
4	PL	多段线	14	MT	多行文本
5	ML	多线	15	T	多行文本
6	SPL	样条曲线	16	B	块定义
7	POL	正多边形	17	I	插入块
8	REC	矩形	18	W	定义块文件
9	C	圆	19	DIV	等分
10	A	圆弧	20	H	填充

10. 修改命令

序号	快捷键	命 令 说 明	序号	快捷键	命 令 说 明
1	CO	复制	10	EX	延伸
2	MI	镜像	11	S	拉伸
3	AR	阵列	12	LEN	直线拉长
4	O	偏移	13	SC	比例缩放
5	RO	旋转	14	BR	打断
6	M	移动	15	CHA	倒角
7	E，DEL 键	删除	16	F	倒圆角
8	X	分解	17	PE	多段线编辑
9	TR	修剪	18	ED	修改文本

11. 视窗缩放

序号	快捷键	命 令 说 明	序号	快捷键	命 令 说 明
1	P	平移	4	Z+P	返回上一视图
2	Z+空格+空格	实时缩放	5	Z+E	显示全图
3	Z	局部放大			

附录 2　上机绘图专用周任务书

1. 实训目的

主要目的是深化学生对 AutoCAD 各种命令和参数的理解与运用，通过上机操作，使学生掌握 AutoCAD 各种命令的综合运用，为学生今后结合专业知识使用 AutoCAD 软件绘制复杂的专业图形打下坚实的基础。

任务主要是以 AutoCAD 2012 为基础，通过绘制模块 8 中的建筑施工图，使学生掌握 AutoCAD 绘制建筑工程图的基础知识、基本技能和基本流程，培养其使用 AutoCAD 软件绘制专业工程图形的能力，提高学生的动手操作能力，为适应未来工程设计或管理等岗位奠定基础。

2. 实训要求

（1）纪律要求

①每天必须按时上下课，遵守课堂纪律；

②进入机房要遵守机房上机守则；

③每天下课前 10 分钟，由值日同学打扫机房卫生。

（2）绘图要求

①图层设置：本次实训要求自己定义中文名称的图层，将图形中相同属性的元素设置在同一图层，比如：门、窗、轴线、墙体、地板等层；不得采用英文名称图层（图块调用例外）或者无用的图层（必须删除），否则算作改图，视为无效。

②图面布置：在选择恰当比例的情况下，不能出现图纸大面积空白或图线超出图框的情况。简单图形不能采用对称或复制来充数，否则折减工作量，降低等级。

③线型、线宽设置：设置恰当的线型和线宽，凸显整体效果。

④文字书写：满足规范要求。

⑤尺寸标注：满足规范要求。

⑥电子文件请保存为 2012 以下版本。

⑦完成后上交电子文件、图纸各一份。若电子文件与打印稿不完全对应，视为无效。

⑧图纸不得与他人雷同（雷同 50%算抄袭，记 0 分）。

3. 实训时间安排

时间	周一	周二	周三	周四	周五
上午	8：10—11：50 布置任务	8：10—11：50 绘图实训	8：10—11：50 绘图实训	8：10—11：50 绘图实训	8：10—11：50 打印
下午	14：00—15：40 绘图实训	14：00—15：40 绘图实训	14：00—15：40 绘图实训	14：00—15：40 绘图实训	装订实训报告

4. 实训内容及要求

（1）本次实训成绩构成：教师评价占30%；同学自评、互评占70%。

（2）提交成果

①电子文件的文件名统一格式为：班级+姓名+图纸名称。文件名不符合要求者，扣5分。

②打印稿统一提交给学习委员，收齐后交指导教师。

③项目工作页。

5. 项目工作页

<table>
<tr><td>专　业</td><td colspan="2"></td><td>指导教师</td><td></td></tr>
<tr><td>工作项目</td><td colspan="2"></td><td>工作任务</td><td></td></tr>
<tr><td>知识准备</td><td colspan="4">1. 建筑施工图中常用的绘图、编辑命令；
2. 建筑施工图中常用的标注命令；
3. 建筑施工图的绘制步骤与技巧；
4. 打印输出的格式选择</td></tr>
<tr><td>工作过程</td><td colspan="4">1. 打开CAD软件；
2. 打开常用“绘图、编辑、标注、捕捉”命令工具栏；
3. 设置绘图环境；
4. 对建筑平面图、立面图、剖面图、详图（大样图）进行宏观的分析；
5. 按制图标准设置相应数量的图层；
6. 按图层绘制建筑平面图、立面图、剖面图、详图（大样图）；
7. 将完成的最终施工图打印输出</td></tr>
<tr><td>注意事项</td><td colspan="4"></td></tr>
<tr><td rowspan="10">教学评价</td><td>序号</td><td>评价项目及权重</td><td>学生自评</td><td>小组评价</td></tr>
<tr><td>1</td><td>工作纪律和态度（20分）</td><td></td><td></td></tr>
<tr><td>2</td><td>提交成果（30分）</td><td></td><td></td></tr>
<tr><td>3</td><td>实践操作能力（30分）</td><td></td><td></td></tr>
<tr><td>4</td><td>熟练程度（20分）</td><td></td><td></td></tr>
<tr><td colspan="2">小　　计</td><td></td><td></td></tr>
<tr><td>1</td><td>自评（30分）</td><td colspan="2"></td></tr>
<tr><td>2</td><td>互评（40分）</td><td colspan="2"></td></tr>
<tr><td>3</td><td>教师评价（30分）</td><td colspan="2"></td></tr>
<tr><td colspan="2">总　　分</td><td colspan="2"></td></tr>
</table>

续表

实训心得

参　考　文　献

[1]　杨李福，段准主编．建筑 CAD[M]．武汉：中国地质大学出版社，2008.

[2]　郭朝勇．AutoCAD 2007 中文版应用基础[M]．北京：电子工业出版社，2007.

[3]　朱龙．中文版 AutoCAD2006 教程[M]．北京：科学出版社，2006.

[4]　王芳，李井永．AutoCAD2006 建筑制图实例教程[M]．北京：清华大学出版社，北京交通大学出版社，2006.